Das Bully-Buch

Französische Bulldoggen

Monja Balzer

BUSSECOLLECTION

Hinweis der Redaktion: Die Informationen für dieses Buch wurden sorgfältig recherchiert, wir bitten jedoch um Verständnis dafür, dass eine Garantie für deren Aktualität, Richtigkeit und Vollständigkeit nicht übernommen werden kann. Haftungsansprüche gegen Autor oder Verlag, die durch die Nutzung oder der hier gegebenen Informationen verursacht wurden, sind grundsätzlich ausgeschlossen.

Buchidee: Gabriele Förster
Text: Monja Balzer, Emkendorf/Bokelholm
Text FCI Standard:
Societé Centrale Canine/Fédération Cynologique Internationale,
Standard Nr. 101 / 06.04.1998 / D; Datum der Publikation des gültigen Original-Standards: 28.4.1995; Übersetung von Michèle Schneider
Fotos:
Heyka Glißmann: Titelfoto und S. 27, 32, 46, 64, 66, 67, 68, 69, 70, 71, 72, 73, 74, 76, 77, 78, 79, 80, 81,82, 84, 85, 86, 87; Kati Wilsky: S. 3, 28, 30, 34, 37, 38, 39, 44, 48, 53, 88, 94, 96, 98, 100, 104, 113, 121; Monja Balzer/ Imekenthorp: S. 2, 24, 34, 38, 48, 60, 61, 95, 103, 106, 107, 114, 116, 135, 136, 143; Frauke Sulitze: S. 2, 4, 5, 6, 7, 8, 9, 10, 11, 12, 13, 14, 15; Gabriele Förster: S. 2, 3, 44, 48, 50, 52, 56, 56, 114, 115; Nicole Brand: S. 22, 40, 122, 134, 135; Ira Goldbecker: S. 62, 63; Ulf-Erik Förster: S. 58
Layout und Druckvorstufe: Christina Büscher
Druck und Verarbeitung in der Europäischen Gemeinschaft

ISBN 978-3-512-04030-6

www.bussecollection.de

Inhalt

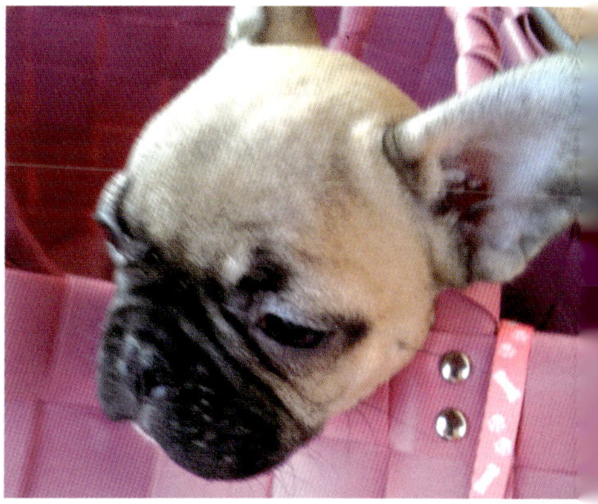

Einleitung

Historie der Rasse

„Ich möchte mit dir ein Bully-Buch machen!“

Die neue Besitzerin von Lise und Lotte (und Geschäftsführerin des Busse Verlages) saß da und lachte mich an. Ich? Ein Buch schreiben? Sicher, ich schreibe gerne ... Ich bin es gewohnt, mein Hundewissen an die Käufer unserer Welpen weiterzugeben und habe auch großen Spaß daran. Aber ein weiteres Bullybuch auf dem Markt?

„Was einfach fehlt, ist ein kurzweilig geschriebenes Buch, das einen auch mal zum Lachen bringt. Ein Buch, das ausreichend Wissen vermittelt, aber eben mit Herz und Humor! Und ich möchte Bilder! Viele schöne Bilder!“

Nun, ich bin mittlerweile an einem Punkt, wo ich mich nicht mehr lange frage, ob das jetzt richtig ist. Das Leben soll doch Spaß machen! Also weg mit den Zweifeln und lass uns sehen, was passiert!

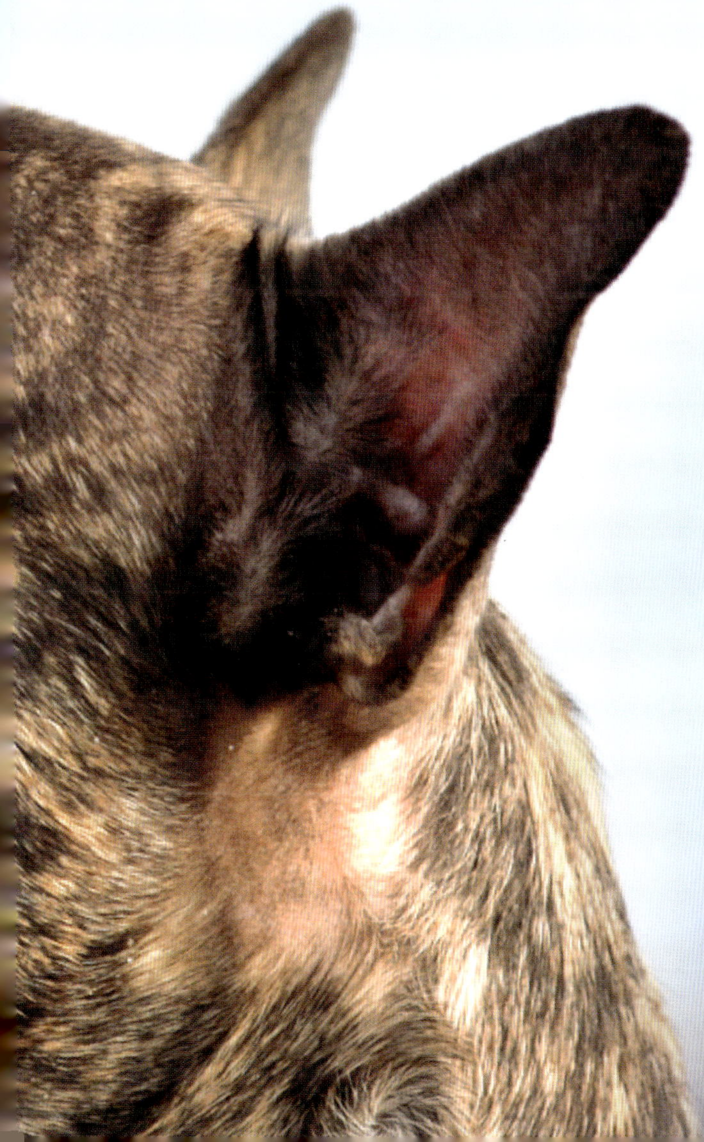

Wilma macht Urlaub auf Fehmarn, zusammen mit Isabeau ...

Ich wuchs auf in einer komplett tierverrückten Familie! Einer Familie, die uns immer beigebracht hat, zu hinterfragen, selbstständig zu denken und uns das notwendige Wissen zu suchen. Uns wurde beigebracht Lebewesen zu respektieren und ihre Individualität zu erkennen und zu akzeptieren. So begann ich früh, mich mit Verhaltenspsychologie zu beschäftigen. Ich wollte wissen, warum unsere Haustiere reagieren, wie sie reagieren und wie ich mit ihnen auf einer für sie verständlichen Basis kommunizieren kann. Ich beobachtete, verglich, las unzählige Bücher, Artikel, Studien ..., beschäftigte mich mit Tierernährung, Gesundheit, zwangsläufig auch intensiv mit dem Thema Tierschutz, mit fragwürdigen Traditionen, mit Tiertransporten, mit der manchmal leider vorherrschenden Leichtfertigkeit von Menschen, wenn es um die Anschaffung eines Tieres geht, mit Tierzucht. Anfang 2012 habe ich mein Studium der Verhaltenspsychologie für Hunde und Katzen an der ATN (Akademie für Tiernaturheilkunde) in der Schweiz begonnen. Dieses Fernstudium ist eines der besten, die angeboten werden, und für mich neben meinem normalen Beruf gut umzusetzen.
Ziel ist es, irgendwann, nachdem ich das Studium abgeschlossen habe, anderen als Tierheilpraktiker zu helfen, ihre Tiere zu verstehen und das Verhältnis zu ihren Tieren zu verbessern. Schließlich liegen die Ursachen für Verhaltensauffälligkeiten bei Tieren, nach meiner Vermutung, zu mindestens 80% an dem fehlenden Verständnis der Halter. Vieles ist schnell und leicht zu beheben, wenn der Tierhalter erst einmal verstanden hat, warum sein Tier so reagiert.
Ich liebe diesen Moment, wenn ein Mensch erkennt und versteht, was in seinem Tier vorgeht.
Die verschiedensten Tiere haben mich in meinem Leben schon begleitet. Ich hatte nahezu immer Katzen um mich. Und in meiner Familie gab es immer Hunde. Wir hatten einen Dalmatiner, einen Landseer, eine Deutsche Dogge, einen Dackel, einen Bobtail, einen Collie ... Mein Bruder liebte Reptilien, und so spielte ich auch mit Strumpfbandnattern, Kornnattern, Königspython. Besonders mochte ich jedoch seine Leopardengeckos. Ich hatte Hamster, einen Chinchilla, und ein Wellensittich lebte auch bei uns ... Ich sagte ja: tierverrückt! Ohne Tier geht es bei uns einfach nicht.

Wie die Aufzählung der Hunderassen vermuten lässt (bis auf meine kleine Dackeldame Tapsi), war mein Verständnis von einem „richtigen" Hund immer: Ein Hund beginnt in Streichelhöhe! Was bedeutet, ich stehe, lasse die Hand locker runter hängen und möchte mindestens einen Kopf kraulen können – besser noch einen wuschligen Rücken!
Doch dann lernte ich meinen Partner kennen! Bereits seit vielen Jahren züchtete er Französische Bulldoggen. Ich kannte die Rasse, habe mich aber nie näher damit beschäftigt. War nach meiner Auffassung ja kein Hund für mich.
Ich sollte eines Besseren belehrt werden!
Jörgs Bullys gewannen mein Herz im Sturm! Oder eher einem Orkan! Bullys sind einmalig! Ich kenne bis heute keine weitere Rasse mit einer ähnlichen Liebenswürdigkeit. Bullys sind Clowns. Sie sind ständig gut gelaunt. Sie haben nur Unsinn im Kopf. Es scheint mir, als würden sie da sitzen und denken „Na warte, ich bekomme dich schon zum Lachen!" Dies knautschige, ständig zu Lächeln scheinende Gesicht und der muskulöse, wie aufgezogen wirkende, umher springende Körper tun ihr Übriges. Und Bullys lieben unglaublich, unerschütterlich! Ein Bully gehört fortan immer dazu! Ohne geht nicht mehr, und ich bin ganz klar infiziert mit der Bullymanie!
Übrigens eine hoch ansteckende Sucht – entweder man ist immun und kann meine Begeisterung nicht wirklich nachvollziehen oder bald sitzen wir gemeinsam mit verklärtem Blick auf dem Sofa und himmeln unsere Bullygötter an.

Ein Wort an die männlichen Leser dieses Buches:

Mitunter werden Sie sich in unserer kleinen Unterhaltung hier als „Frauchen" angesprochen fühlen. Bitte verzeihen Sie mir diese Fehleinschätzung. Da ich ein Frauchen bin, male ich mir das Bild eines unbekannten Gegenübers leider auch oft weiblich. Unsere Bullys sind da zum Glück unvoreingenommener. Die sind mit weiblichem wie männlichem Kuschelpersonal gleichermaßen glücklich!

Isabeau und das Meer ...

Historie der Französischen Bulldogge – FCI Beschreibung

Eine ganze Reihe von Spekulationen und Theorien existieren bezüglich der Herkunft unserer Frenchies. Eine interessante Idee entwickelte sich aus Funden von mumifizierten Hunden, deren Skeletten sowie historischen Zeichnungen und Figuren auf Ausgrabungsstätten in Peru. Der Chincha Bulldog existierte vermutlich um 1100 bis 1400 n.Chr. im alten Peru und ähnelte unserem heutigen Frenchie sehr. Jedoch gelang es Historikern nie, die Lücke zwischen der Existenz des Chincha Bulldog und dem Erscheinen unserer heutigen Französischen Bulldogge zu schließen.
Die populärste Theorie ist so die Geschichte der englischen Weber und Spitzenklöppler. Nachdem Hundekämpfe in England verboten wurden, achteten die Züchter der damaligen Bulldoggen auf weniger aggressive und vielmehr verspielte, freundliche Hunde in ihren Zuchten. Es entwickelte sich der so genannte „Toy Bulldog", der als Begleithund auf den Kutschen und als Familienhund sehr geschätzt wurde. Er fand auch im benachbarten Ausland schnell viele Liebhaber.
Im 19. Jahrhundert, während der britischen Wirtschaftskrise, wanderten die britischen Spitzenklöppler mit ihren kleinen Toy Bulldogs nach Frankreich, insbesondere in die Gegend von Calais, aus. Hier wurden großen Spitzenfabriken gebaut. Teils aus reiner Liebhaberei, teils um ihr Einkommen aufzustocken, wurden die Bulldogs weiterhin gezüchtet und relativ unkontrolliert auch mit anderen Rassen verpaart.
So nimmt man an, dass die Knickrute und die vorstehenden Augen, durch Einkreuzung des Mopses entstanden.
Die Stehohren kamen wahrscheinlich durch die Einkreuzung verschiedener Terrierrassen, die diese neue Rasse auch für die Jagd geeignet machten.
Dieser „Terrier-Boule" genannten neuen Rasse wurde 1880 der erste Verein gewidmet, 1885 eröffnete man das erste Zuchtbuch und schließlich wurde 1888 der erste Rassestandard festgelegt. Mit dem Erscheinen der ersten Vertreter dieser neuen Rasse in den USA und bei Rückkehr der Spitzenklöppler in ihre alte Heimat ernteten die neuen (noch undefinierten) Stehohren erst Gelächter und Hohn, jedoch wuchs das Interesse an dieser freundlichen und robusten kleinen Dogge schnell, und spätestens als sich König Edward II. einen solchen Begleiter mit auffallenden Fledermausohren zulegte, war der Weg für den Siegeszug der Französischen Bulldogge geebnet.
Unser heutiger Rassestandard für die Französische Bulldogge entstand erstmals 1931/32 und wurde 1948 und 1986 überarbeitet.
Die FCI (Fédération Cynologique Internationale) erkannte die Rasse 1986 an, und der Rassestandard wurde 1994 nochmals von dem Comité du Club du Bouledogue Français unter Mitarbeit von R. Triquet neu angepasst.

FCI-Standard Nr. 101 / 06. 04. 1998 / D

FRANZÖSISCHE BULLDOGGE
(Bouledogue Français)

ÜBERSETZUNG: Michèle Schneider.
URSPRUNG: Frankreich
DATUM DER PUBLIKATION DES GÜLTIGEN ORIGINAL-STANDARDS: 28. 04. 1995.
VERWENDUNG: Gesellschafts-, Wach- und Begleithund
KLASSIFIKATION FCI: Gruppe 9 Gesellschafts- und Begleithunde
Sektion 11 Kleine Doggenartige Hunde
Ohne Arbeitsprüfung

KURZER GESCHICHTLICHER ABRISS
Wie alle Doggen stammt die französische Bulldogge wahrscheinlich von den Molossern Epiriens und des römischen Kaiserreiches ab; sie ist verwandt mit den Ahnen des Bulldogs Großbritanniens, mit den Alanerhunden des Mittelalters und mit den großen und kleinen Doggen Frankreichs; die französische Bulldogge, wie wir sie heute kennen, ist das Ergebnis verschiedener Kreuzungen, die passionierte Züchter in den 1880er Jahren in den Arbeitervierteln von Paris vornahmen. Seinerzeit vorerst Hund der Lastenträger an den Pariser Zentralmarkthallen, der Metzger und der Kutscher, wusste sie mit ihrem so außergewöhnlichen Körperbau und Wesen schnell die bessere Gesellschaft und die Welt der Künstler zu erobern. So breitete sie sich schnell aus. Der erste Rasseverein wurde 1880 in Paris gegründet. Das erste Zuchtbuch datiert von 1885 und ein erster Standard wurde 1898 erstellt, in dem Jahr, in welchem die Société Centrale Canine die Französische Bulldogge als Rasse anerkannte. Schon 1887 wurde der erste Hund ausgestellt. Der Standard wurde 1931/32 und 1948 geändert und 1986 von H.F. REANT und R.TRIQUET (FCI-Veröffentlichung 1987) neu überarbeitet; es wurde dann nochmals 1994 durch das Comité du Club du Bouledogue Français unter Mitarbeit von R.TRIQUET neu abgefasst.

ALLGEMEINES ERSCHEINUNGSBILD
Ein typischer, kleinformatiger Molosser. Trotz seiner geringen Größe ein kräftiger, in jeder Hinsicht kurzer und gedrungener Hund, mit kurzem Fell, mit kurzem, stumpfnasigem Gesicht, Stehohren und natürlicher Kurzrute. Sie muss den Eindruck eines lebhaften, aufgeweckten, sehr muskulösen Tieres von kompakter Struktur und solidem Knochenbau vermitteln.

VERHALTEN UND CHARAKTER (WESEN)
Umgänglich, fröhlich, verspielt, sportlich, aufgeweckt. Besonders liebevoll im Umgang mit ihren Besitzern und mit Kindern.

KOPF
Der Kopf muss sehr kräftig, breit und quadratisch sein; die ihn bedeckende Haut bildet nahezu symmetrische Falten und Runzeln. Der Kopf der Bulldogge ist gekennzeichnet durch den eingezogenen Oberkiefer- und Nasenbereich; der Schädel macht an Breite wett, was er an Länge verloren hat.

OBERKOPF
Schädel: Breit, nahezu flach, mit stark gewölbter Stirn. Die vorstehenden Augenbrauenbogen werden durch eine zwischen den Augen besonders entwickelte Furche getrennt. Die Furche darf sich auf der Stirn nicht fortsetzen. Sehr wenig entwickelter Hinterhauptkamm.
Stop: Sehr stark ausgeprägt.

GESICHTSSCHÄDEL :
Nasenspiegel: Breit, sehr kurz, aufgeworfen; Nasenlöcher gut geöffnet und symmetrisch, schräg nach hinten gerichtet. Die Neigung der Nasenlöcher und die aufgeworfene Nase (man spricht von «aufgestülpt») müssen jedoch eine normale Nasenatmung erlauben.

Nasenrücken: Sehr kurz, breit; er zeigt konzentrisch symmetrische Falten, die auf den Oberlefzen abwärts laufen (Länge: 1/6 der gesamten Kopflänge).

Lefzen: Dick, ein wenig schlaff und schwarz; die Oberlefze trifft die untere in der Mitte und verdeckt völlig die Zähne, die niemals sichtbar sein dürfen. Die obere Lefze ist im Profil fallend und abgerundet. Die Zunge darf nie sichtbar sein.

Kiefer: Breit, quadratisch, kräftig. Der Unterkiefer verläuft in einem weiten Bogen und endet vor dem Oberkiefer. Bei geschlossenem Fang wird das Vorstehen des Unterkiefers (Vorbiss) durch den gebogenen Verlauf der Unterkieferäste gemildert. Dieser gebogene Verlauf ist nötig, um ein zu starkes Vorstehen des Unterkiefers zu vermeiden.

Zähne: Die Schneidezähne des Unterkiefers dürfen auf keinen Fall hinter den oberen Schneidezähnen stehen. Der untere Zahnbogen ist abgerundet. Die Kiefer dürfen nicht seitlich verschoben oder verdreht sein. Der Abstand der Schneidezahnbogen kann nicht strikt festgelegt werden; von grundlegender Bedeutung ist, dass Oberlefze und Unterlefze so aufeinander treffen, dass sie die Zähne völlig verdecken.

Backen: Die Wangenmuskulatur ist gut entwickelt, jedoch nicht hervortretend.

Augen: Aufgeweckter Ausdruck; tief eingesetztes Auge, ziemlich weit vom Nasenspiegel und vor allem von den Ohren entfernt; von dunkler Farbe, ziemlich groß, schön rund, leicht hervorstehend und ohne jede Spur von Weiß (weiße Augenhaut) wenn das Tier nach vorne schaut. Der Lidrand muss schwarz sein.

Ohren: Mittelgroß, breit am Ansatz und an der Spitze abgerundet. Hoch auf dem Kopf angesetzt, jedoch nicht zu dicht beieinander; aufrecht getragen. Die Ohrmuschel ist nach vorne geöffnet. Die Haut muß dünn sein und sich weich anfühlen.

HALS

Kurz, leicht gebogen, ohne Wamme.

KÖRPER

Obere Profillinie: Die obere Linie steigt stetig bis in die Lendengegend an, um dann rasch zur Rute hin abzufallen. Ursache für diese sehr angestrebte Form ist die kurze Lende.

Rücken: Breit und muskulös.

Lenden: Kurz und breit.

Kruppe: Schräg.

Brust: Walzenförmig und sehr tief; fassförmige, stark gerundete Rippen.

Vorbrust: Weit geöffnet.

Untere Profillinie und Bauch : Aufgezogen, jedoch nicht windhundartig.

RUTE

Kurz, tief auf der Kruppe angesetzt, an den Hinterbacken anliegend, am Ansatz dick; Knoten- oder Knickrute; zum Ende hin verjüngt. Selbst in der Bewegung muss sie unterhalb der Horizontalen bleiben. Eine relativ lange (aber nicht über das Sprunggelenk reichende) und sich verjüngende Knickrute ist zulässig, aber nicht erwünscht.

GLIEDMASSEN

Vorderhand

Läufe gerade und senkrecht, sowohl in der Seiten- als auch in der Vorderansicht.

Schultern: Kurz, dick; hervortretende, feste Bemuskelung.
Oberarm: Kurz.
Ellenbogen: Unbedingt am Körper anliegend.
Unterarm: Kurz, gut abgesetzt, gerade und muskulös.
Vorderfußwurzel/Vordermittelfuß: Kräftig und kurz.

Hinterhand

Die hinteren Gliedmaßen sind kräftig und muskulös; sie sind etwas länger als die Vordergliedmaßen und überhöhen dadurch die Hinterhand. Sowohl in der Seiten- als auch in der Rückansicht sind sie gerade und senkrecht.

Oberschenkel: Muskulös, fest, nicht zu sehr gerundet.
Sprunggelenk: Recht tief gestellt, nicht zu stark gewinkelt, vor allem aber auch nicht zu steil.
Hintermittelfuß: Kräftig und kurz. Die Bulldogge darf von Geburt an keine Afterkrallen tragen.

Pfoten

Die Vorderpfoten sind rund, klein, so genannte «Katzenpfoten»; guter Kontakt zum Boden, leicht ausgedreht. Die Zehen sind sehr kompakt, die Krallen kurz, dick und gut abgesetzt.
Die Ballen sind hart, dick und schwarz. Bei gestromten Tieren müssen die Krallen schwarz sein. Bei den Farben «Caille» (fauvegestromte Hunde mit mittlerer Weißscheckung) und «Fauve» (falbfarbene Hunde mit mittlerer oder überhand nehmender Weißscheckung) werden dunkle Krallen bevorzugt, helle Krallen jedoch nicht bestraft.
Die Hinterpfoten sind sehr kompakt.

GANGWERK

Bewegungsablauf frei; die Gliedmaßen bewegen sich parallel zur Medianebene des Körpers.

HAARKLEID

Haar: Schönes, dichtes, glänzendes und weiches Kurzhaar.

Farbe: Gleichmäßiges Fauve, gestromt oder ungestromt, oder mit begrenzter Scheckung. Gestromtes oder ungestromtes Fauve mit mittlerer oder überhand nehmender Scheckung.

Alle Abstufungen der Falbfarbe sind zulässig, von «Rot» bis hin zu «Milchkaffee». Völlig weiße Hunde teilt man der Farbe «Gestromtes Fauve mit überhand nehmender weißer Scheckung» zu. Wenn ein Hund einen sehr dunklen Nasenschwamm und dunkle Augen mit dunklen Lidrändern aufweist, so kann bei besonders schönen Exemplaren ausnahmsweise eine gewisse Depigmentierung im Gesicht toleriert werden.

Größe und Gewicht: Bei einer Bulldogge in gutem Zustand darf das Gewicht nicht weniger als 8 kg und nicht mehr als 14 kg betragen, wobei die Größe im Verhältnis zum Gewicht steht.

FEHLER

Jede Abweichung von den vorgenannten Punkten muss als Fehler angesehen werden, dessen Bewertung in genauem Verhältnis zum Grad der Abweichung stehen sollte und dessen Einfluss auf die Gesundheit und das Wohlbefinden des Hundes zu beachten ist.
Enge oder zusammengekniffene Nase, chronische Schnarcher.
Vorn fehlender Lefzenschluss.
Depigmentierte Lefzen.
Helle Augen.
Wamme.
Hoch getragene Rute; zu lange oder anormale kurze Rute.
Lose Ellbogen.
Steiles oder nach vorn versetztes Sprunggelenk.
Unkorrekte Gangarten.
Getüpfeltes Haarkleid.
Zu langes Haar.

SCHWERE FEHLER

Bei geschlossenem Fang sichtbare Schneidezähne.
Bei geschlossenem Fang sichtbare Zunge.
«Trommelnder» Hund (schnelle Bewegung der Vordergliedmaßen)
Depigmentierte Stellen im Gesicht, mit Ausnahme bei fauve-gestromten Hunden mit mittlerer Weißscheckung («Caille») und falbfarbenen Hunden mit mittlerer oder überhand nehmender Weißscheckung («Fauve»)
Übermäßiges oder ungenügendes Gewicht.

AUSSCHLIESSENDE FEHLER

Aggressiv oder ängstlich.
Nasenschwamm von anderer Farbe als Schwarz.
Hasenscharte.
Hunde, bei denen die unteren Schneidezähne hinter den oberen schließen.
Hunde, deren Fangzähne bei geschlossenem Fang ständig sichtbar sind.
Verschiedenfarbige Augen.
Nicht aufrecht getragene Ohren.

Ohren, Rute oder Afterkrallen kupiert.
Afterkrallen an den hinteren Gliedmaßen entfernt oder vorhanden.
Schwanzlosigkeit.
Die Haarfarben «Schwarz mit Brand», «Mausgrau», «Braun».
Hunde, die deutlich physische Abnormalitäten oder Verhaltensstörungen aufweisen, müssen disqualifiziert werden.

N.B: Rüden müssen zwei offensichtlich normal entwickelte Hoden aufweisen, die sich vollständig im Hodensack befinden.

Quelle: www.fci.be

Nachdem ich nun diesen sehr sachlichen Teil hinter mir habe, kehre ich zurück zu „meiner" Französischen Bulldogge und was Sie, meiner Meinung nach, über ihr Wesen wissen sollten.
Die erste Begegnung mit einem Frenchie endet, meiner Erfahrung nach, selten in einer „Grauzone". Entweder man mag sie wegen ihres ungewöhnlichen Aussehens einfach nicht, oder aber man verfällt ihnen mit Herz, Seele und mitunter ohne Verstand!
Diese kleinen Clowns auf vier Pfoten verstehen es, Herzen im Sturm zu erobern. Ein Bully ist ständig gut gelaunt und liebt seine Menschen bedingungslos. Er möchte alles mit ihnen erleben und mitmachen und ist kein Hund, der brav acht oder mehr Stunden zu Hause auf Herrchen und Frauchen wartet. Bleibt ein Bully zu viel allein, verkümmert er seelisch, und oftmals hat er dann nur noch Unsinn im Dickschädel. Diverse Möbelstücke (am liebsten aus Holz), Dekokissen, Fernbedienungen, Bücher und Zeitschriften, Schuhe, Zimmerpflanzen und sogar ganze Couchgarnituren starben so schon ihren Frustbewältigungstod.
Was beweist, ein Bully ist keineswegs, wie so oft behauptet, ein Anfängerhund. Er möchte Beschäftigung, Bewegung und das alles immer zusammen mit seinem Menschen. Ein Bully kann gerne mal sehr stur sein, er neigt zu „selektiver Taubheit" und weiß im Schauspiel seinen Menschen von seiner Bedürftigkeit zu überzeugen. Ohne Erziehung gibt er sich auch gerne mal als Diktator und fordert die notwendige Zuwendung und Beschäftigung recht vehement ein. Jedoch ist er hier im ständigen Dilemma zwischen dem Verlangen, seinen Kopf durchzusetzen und gleichzeitig auch seinem Menschen zu gefallen. Seine Erziehung erfordert viel Geduld und noch mehr Konsequenz, dies aber mit ganz viel Herz und noch mehr Hundeverstand.
Hat Frauchen jedoch einmal gelernt, wie sie das kleine sture Bullyköpfchen austrickst und in sein Herz gelangt, wird sie einen sehr klugen, treuen, folgsamen und äußerst bezaubernden Begleiter bekommen, der (ich kann es nicht oft genug sagen) immer ihr kleiner Schatten sein möchte. So kann ein Bully täglicher Wegbegleiter sein und liebt es aber genauso, einen ruhigen Tag mit Frauchen kuschelnd auf der Couch zu verbringen. Selten wird der Bully seinen Menschen immerzu auffordern etwas miteinander zu unternehmen. Er passt sich seinem Menschen an und geht seinen Rhythmus mit.
Über eines müssen wir uns nur immer im Klaren sein: Ein Bully ist eine extreme Zuchtform, und obwohl in den letzten Jahren schon von einigen guten Züchtern viel für eine Verbesserung der Gesundheit getan wurde, können doch immer wieder diverse Probleme auftauchen.
Damit Sie gut informiert auf die Suche nach Ihrem Bullybaby gehen, möchten ich Sie in diesem Buch auch über die häufigsten Probleme informieren. Nur wenn Sie wissen, worauf Sie achten sollten, haben Sie eine gute Chance ein wirklich gesundes Baby zu finden, welches dann viele Jahre für ein stetiges glückliches Lächeln in Ihrem Gesicht sorgen wird.

Goldene Regeln

für den Lebenszyklus

Goldene Regeln für den Lebenszyklus

Vom Welpen über Halbstark bis erwachsener Hund und dann Senior

Unser Welpe. Nachdem Sie sich für einen Züchter entschieden haben und Ihr Traumbully geboren wurde, sollten Sie engen Kontakt zum Züchter halten. Je öfter Sie ihn besuchen und Sie mit Ihrem Zwerg spielen und schmusen, umso leichter wird später die Umgewöhnung, da Ihr Hund Sie bereits gut kennt und in der neuen Umgebung sofort eine Bezugsperson hat. Ist Ihr Bully dann endlich da, geben Sie ihm 2 bis 3 Tage zum Eingewöhnen.
Allgemein gibt es in der Hundepsychologie eine „magische Grenze" bezüglich der erlernten Stressresistenz gegenüber neuen Situationen. Diese liegt bei etwa 15 Wochen.

Bis etwa zur 15. Woche werden im kleinen Bully-Gehirn ständig aufgrund von neuen Erlebnissen neue Verbindungen geknüpft. Nach diesem Alter lernt der Hund selbstverständlich noch immer dazu – das kann ein Hund ein Leben lang! Jedoch ist die dann folgende Stressresistenz für Erlebtes nach diesem Alter eine andere. Also nehmen Sie den Zwerg mal mit zu Verwandten und Freunden, gehen Sie mit ihm in die Fußgängerzone, an große Straßen, auf Hundewiesen, und sorgen Sie dabei für viele positive Erlebnisse. Achten Sie unbedingt darauf, ihn nicht zu überfordern. Mehr als 5 bis 10 Minuten in einer stressbelasteten Situation, z.B. in einer Menschenmenge oder an einer viel befahrenen Straße, sollte man ihm nicht zumuten. Aber gehen Sie ohne großen Kommentar mit ihm aus dieser Situation heraus und missachten Sie ängstliches Verhalten. Sie können ihn in dieser Situation nicht trösten. Ein von Ihnen gut gemeintes Trösten wird vom Welpen als Bestätigung seiner Angst verstanden, und damit wäre das Ziel verfehlt. Sie helfen ihm am besten, wenn Sie ganz ruhig und selbstverständlich mit der Situation umgehen und ihn nicht weiter ansprechen. Ist der Welpe entspannt und ruhig, eventuell sogar sehr interessiert an der Situation, ist Lob und Bestätigung jedoch angebracht!

Unsere Bullys sind aufgrund jahrelanger Fehlzucht leider prädestiniert für Gelenk- und Rückenprobleme. Mehr hierzu im Teil Krankheiten. Während des Wachstums, welches etwa bis zum 2. Lebensjahr andauert, sollten Sie dafür sorgen, dass der Bully ein „sportliches" Gewicht behält. Lieber ein bisschen weniger, als auch nur ein Kilo zuviel. Das ist für die Entwicklung seiner Gelenke wesentlich gesünder. Leben Sie in einer Wohnung und müssen mehrmals am Tag die Treppen gehen, sollten Sie ihn während des ersten halben Lebensjahres konsequent die Treppen hinauf tragen und das gesamte erste Lebensjahr die Treppen hinunter. Lassen Sie ihn gerne die letzten zwei bis drei Stufen selber gehen. Er soll es ja lernen. Nur die Belastung durch das Treppenspringen ist eine große Gefahr für Gelenke und auch die Wachstumsfugen in den Beinchen. Lassen Sie ihn in dieser Zeit auch nicht selbst das Sofa rauf- oder runterspringen, wenn dieses sehr hoch ist.

Wechseln Sie nicht zu häufig das Futter! Auf die verschiedenen Fütterungsarten gehe ich noch ein. Jedoch möchte ich schon hier sagen, dass die meisten heute im Handel angebotenen Futtersorten künstliche Zusätze enthalten, die eine Allergieneigung fördern. Und ständiger Wechsel kann zu Unverträglichkeiten führen. Verträgt Ihr Welpe das vom Züchter mitgegebene Futter gut und entwickelt er sich nicht zu rasant, belassen Sie es im ersten Jahr dabei. Ein langsames Wachstum ist immer besser, als wenn der Hund aufgrund von hohem Angebot an Nährstoffen extrem schnell in die Höhe schießt. Wir hatten z.B. in unserer Zucht einmal ein neues, recht renommiertes Futter probiert und ein Welpe setzte die Inhaltstoffe so gut um, dass man ihm sozusagen beim Wachsen zusehen konnte. Leider kamen Bänder und Sehnen nicht mit und er lief bald nur noch auf den äußeren Handrücken – die Pfoten waren also nach hinten geknickt. Wir mussten das Futter sofort umstellen, und mit etwas Physiotherapie war schnell alles wieder gut. Aber dies zeigt, dass falsches Futter eine Menge Unheil anrichten kann. Zur Frage, was dann das richtige Futter ist, kommen wir noch. Keine Sorge.

Besuchen Sie Welpenspielgruppen! Auch ein vom Züchter bereits gut sozialisierter Welpe braucht weiterhin regelmäßigen Kontakt zu Artgenossen um der Entwicklung entsprechend dazu zu lernen. Das können wir Menschen oder ein einziger weiterer Hund im Haushalt oder gar eine Katze ihm leider nicht ersetzen. Ein Jungspund in Rüpelphase braucht Kontra von gleichaltrigen Artgenossen und älteren, erfahreneren Hunden. Also gehen Sie regelmäßig auf Hundwiesen oder in Spielgruppen. Eine Hundeschule empfehle ich jedem. Auch dem erfahrenen Hundehalter. Sie tun sich und Ihrem Hund einen großen Gefallen mit diesem Lernen in der Gruppe und auch mit dem geübten Blick eines Fachmannes auf Ihr Verhältnis zu Ihrem Bully.

Ein heranwachsender Bully kommt mit etwa 6 – 12 Monaten in die Geschlechtsreife. Oh, Sie werden ihn in dieser Zeit ganz besonders lieben! Wie ein menschlicher 16Jähriger wird er unter Umständen extrem bockig, stellt Sie in Frage oder tut nicht mal mehr das, weil er zu wissen glaubt, dass eh alles keinen Sinn macht, was Sie sagen. Gerade Bullyjungs laufen in dieser Zeit zur Höchstform auf und laufen mit stolz geschwellter Brust durch die Welt, weil sie ganz tolle Kerle sind. Leider ist von Ihnen in dieser Zeit eine zwar liebevolle aber auch sehr strenge Hand gefragt. Lassen Sie ihm seinen Unsinn nicht durchgehen und bleiben Sie standhaft! Sie schaffen das! Kann sich unser kleiner Bullysturkopf in dieser Zeit durchsetzen, erziehen Sie sich einen wahren Terroristen und haben bei all seinen Ideen kaum noch Mitspracherecht. Aber keine Sorge, diese Zeit geht vorbei, und wenn Sie sie tapfer und mit ein paar Illusionen über Ihre Standhaftigkeit und großartigen Erziehungskünste weniger durchstanden haben, können Sie stolz auf den bezaubernden Clown am anderen Ende der Leine schauen.

Erwachsen ist Ihr Clown mit etwa 3 Jahren. Also rein körperlich. Im Bully-Normalfall wird er es, was Vernunft und Ernsthaftigkeit angeht, niemals werden. Aber ab dem 18. Monat geht Ihr Bully köperlich in die Phase des Erwachsenwerdens und Sie können anfangen, ihn sportlich etwas mehr zu fordern. Um seine Knochen und Gelenke brauchen Sie sich nicht mehr allzu große Sorgen machen, was aber nicht heißt, dass Sie nun täglich mit ihm Hochleistungssport betreiben oder ihn endlich niedlich rund füttern dürfen. Auf sein Gewicht sollten Sie sein Leben lang achten, und nur wenige Bullys haben wirklich Spaß an der Ernsthaftigkeit des Hundesports. Aber Toben, Laufen, Springen, Tollen, Agility, Mantrailing, Wanderungen, Spaziergänge auf den unterschiedlichsten Untergründen, sprich alles, was Ihnen mit Ihrem Bully Spaß macht und für gute Laune sorgt, können Sie nun unbekümmert anfangen. Und ein fitter und gesunder Bully wird es Ihnen für viele Jahre danken.

Und noch etwas, was Sie Ihrem Bully lebenslang gönnen sollten: Bullytreffen! Es ist eine Tatsache, dass unsere Bullys mit anderen Hunderassen anders spielen als unter ihresgleichen. Die kleinen Muskelpakete sind totale Grobmotoriker, und so manches Missverständnis entsteht aufgrund ihrer ruppigen Spielart bei Angehörigen anderer Rassen. In den meisten Städten gibt es Gruppen von Bullyhaltern die sich regelmäßig für Spaziergänge und Spielestunden treffen. So etwas sollten Sie sich suchen. Hier kann Bully mal das Köpfchen ausschalten und mit vollem Körpereinsatz herumtollen, ganz so wie es ihm angeboren ist. Es wird gerempelt, umgestoßen, in Beine gebissen, an Lefzen gezogen (und diese eignen sich bei Bullys ja dazu besonders) und ausgelassen herumgetollt. Bullys genießen die Spiele unter ihresgleichen über alle Maßen. Der Unterschied wird Ihnen sofort auffallen.

Um einen erwachsenen Bully brauchen Sie sich dann nur noch wenig Sorgen zu machen. Bullys sind sehr robust und (das hatten wir ja schon) immer glücklich, wenn Sie bei Ihnen sein dürfen. Aber leider neigt der Bully auch dazu, wirkliche Probleme gekonnt zu überspielen. Hat er ein ernst-

Hardy's Hobby: Spaziergänge im Wald ...

haftes Problem, ist gute Beobachtung und ein gutes Gespür gefragt. Oftmals geht ein Bully mit Schmerzen weit über seine Grenzen hinaus und wir sehen es erst, wenn es für ihn wirklich nicht mehr auszuhalten ist. So kann er lange Zeit unbemerkt mit einem kleineren Bandscheibenvorfall rumlaufen oder auch eine ausgewachsene Ohrenentzündung mit sich herumtragen.
Auf der anderen Seite sind unsere Bullys aber auch hervorragende Schauspieler. Wir hatten einen Rüden im Rudel, der mit einem Mal sehr stark humpelte. Wauz unter den Arm geklemmt und ab zum Doc! Der Arzt konnte jedoch keine Ursache für die vermeintlich starken Schmerzen des Hundes feststellen. Zu unserem großen Glück handelte es sich aber bei diesem Arzt um einen Menschen, der um die Eigenheiten der Bullys wusste. Er erzählte uns von den ihnen angeborenen Schauspielkünsten und riet uns, darauf zu achten, ob der Bully immer mit dem selben Bein humpelt und ob er es auch immer tut. Nun, überrascht waren wir zu Hause dann tatsächlich über die heilende Wirkung eines an der Haustür klingelnden Besuches. Bully stürmte, sich wild freuend und ohne jedes Humpeln zur Haustür und vollführte den typischen Bully-Begrüßungstanz! Auf dem Weg zurück ins Wohnzimmer fiel ihm jedoch ein, dass da noch was war und er humpelte erst links, dann rechts und schien ein wenig verwirrt. Großherziges Bedauern und eine kleine Bandage, die zu seiner Bestätigung an einem seiner Beinchen angebracht wurde, verhalfen großartig zur schnellen Heilung seiner imaginären Krankheit. Manchmal sollten wir halt einfach das Spielchen mitspielen.

Ich wünsche Ihnen so sehr, dass Sie viele glückliche und gesunde Jahre mit Ihrem Bully verbringen! Ich selbst kann mir ein Leben ohne Bully nicht mehr vorstellen und mit ihm ist es einfach so anders, so viel lustiger, so viel herzlicher, so viel liebevoller! Aber irgendwann kommt die Zeit, wenn Bully älter wird. Einen Senior haben wir an unserer Seite, wenn Bully etwa 8 oder 9 Jahre alt wird. Es muss sich gar nicht viel ändern, außer vielleicht einer beginnenden grauen Schnute. Aber bleiben Sie wachsam. Gönnen Sie Ihrem Senioren eine jährliche gründliche Untersuchung bei seinem Arzt, um so eventuelle Schwierigkeiten früh zu erkennen. Die meisten Bullys altern jedoch als die Clowns, die wir kennen, und werden fröhlich grau.
Sie sollten jedoch auf sein Futter achten. Der Stoffwechsel eines alten Hundes ist nicht mehr ganz so schnell und verwertet sein Futter auch nicht mehr so gut wie in jungen Jahren. Sie sollten ihn auf ein hochwertiges Futter mit weniger Protein umstellen. Ansonsten wird Ihr Bully schnell zunehmen und das wäre dann wieder nicht gut für seine Gelenke. Natürliche Zusatzstoffe wie Grünlippmuschelpulver schützen seine Gelenke und beugen der Arthrose vor, die leider im Alter zunimmt. Und auch weiterhin viel Bewegung und etwas leichter Sport werden für lange Gesundheit sorgen.
Ihr Bully wird allerdings wahrscheinlich schneller ermüden und sich öfter mal zurückziehen wollen. Schaffen Sie ihm einen schönen, weichen und warmen Platz im Haus, an dem er keinem Zug ausgesetzt ist. Ein dickes Polster schützt vor Kälte von Fliesen und in eine weiche Decke kann er sich auch mal einmummeln, wenn ihm danach ist.

Und ja, irgendwann kommt leider der Tag, an dem wir von unserem kleinen Clown Abschied nehmen müssen. Hier zeigt sich wahre Tierliebe, wenn der gute Freund, der uns viele Jahre begleitet und glücklich gemacht hat, uns zeigt, dass er nicht mehr mag und wir ihn loslassen können. Hat Ihr Bully Schmerzen, und der Tierarzt sieht keine Möglichkeit mehr diese zu lindern, dann lassen Sie ihn gehen. Schließlich lieben Sie diesen kleinen Clown doch und möchten nicht, dass er leidet. So weh so ein Abschied auch tut, ich spreche aus Erfahrung, wenn ich sage, dass dieser Abschied auch etwas Schönes haben kann. Nämlich das Wissen, für unseren Freund das einzig Richtige und letzte wirklich Gute getan zu haben. Wenn er keine Chance mehr hat, aufgrund von Krankheit oder einfach Alter, dann sollten wir dafür sorgen, dass er nicht leiden muss. Und er wird uns recht deutlich signalisieren, dass er nicht mehr mag. Vertrauen Sie da Ihrem Bauchgefühl und lassen Sie sich nicht von Ihrer Angst, ohne ihn leben zu müssen, beeinflussen. Ja, es ist verdammt schwer. Aber noch einmal, es ist der letzte große Liebesbeweis, den sie ihm geben können. Ich hoffe immer wieder darauf, dass meine Tiere irgendwann abends einfach einschlafen und morgens nicht mehr aufwachen. Ein solcher Tod ist aber leider nicht allen vergönnt. Ich wusste, dass es Zeit ist, als mein kleiner vierbeiniger Freund sich hinlegte, kaum noch aufstand und sich auch von mir abwand, wenn ich zu ihm gehen und ihn streicheln wollte. Da war die Zeit gekommen. Ich rief unsere Tierärztin an und meine Familie. Zusammen mit meinen Eltern waren wir bei Shiva und begleiteten sie. Die Tierärztin kam und gab ihr die erste Spritze zum Einschlafen. Sie schlief in meinem Arm ein. Dann kam die zweite Spritze und ihr Herz hörte auf zu schlagen. Und so schmerzhaft und traurig dieser Moment doch war, hatte er auch etwas beruhigend Schönes. Sie schlief bei sich zu Hause ein, im Kreise der Familie, in der sie aufgewachsen war und 16 Jahre gelebt hatte, und nun waren wir, im letzten Moment ihres Lebens, ebenfalls an ihrer Seite! Wenn Sie die Möglichkeit haben, lassen Sie den Tierarzt zu sich nach Hause kommen. Gönnen Sie Ihrem Freund die Möglichkeit, ohne die Aufregung beim Tierarzt zu sterben und, vor allem, seien Sie an seiner Seite, so wie er sein ganzes Leben an der Ihren war.

Die goldenen Regeln für ein Bullyleben!

1. *Der Bully regiert Ihre Welt ab dem Tag seines Einzugs! (Und Sie werden es lieben!)*
2. *Gönnen Sie sich und Ihrem Welpen eine gute Hundeschule.*
3. *Ausgelassene Spiele und viel Bewegung gehören jeden Tag dazu.*
4. *Wählen Sie ein hochwertiges Futter und lassen Sie Ihren Bully nie dick werden.*
5. *Bleiben Sie liebevoll konsequent – auch wenn Sie von diesem kleinen Kn(a)utschgesicht mit noch so großen Kulleraugen angesehen werden.*
6. *Kuscheln ist tägliches Pflichtprogramm.*
7. *Suchen Sie Ihrem Bully Bullyfreunde.*
8. *Machen Sie Ihrem Umfeld klar: Ab sofort gibt es mich nur noch mit Bully!*
9. *Bedenken Sie immer, dass jede Trennung von Ihnen Ihrem Bully seelische Schmerzen zufügt.*
10. *Seien Sie für Ihren Bully verlässlich und verdienen Sie sich jeden Tag sein Vertrauen.*
11. *Schimpfen Sie nur, wenn Sie ihn DIREKT IM MOMENT DER UNTAT erwischen. Bereits zwei Sekunden später weiß er sonst nicht mehr, warum Sie böse mit ihm sind.*
12. *Wann immer möglich, lieber schlechtes Verhalten ignorieren und sich abwenden. Bei gutem Verhalten dafür immer loben!*
13. *Bullys gehören zu den Nagetieren! Lassen Sie Gefährliches, Splitterndes und Kleinteile nie rumliegen.*
14. *Bullys sind Wühlmäuse! Verabschieden Sie sich von der Idee eines perfekten kleinen Gartenidylls.*

Was lieben Bullys

– und was nicht?

Vorlieben und Abneigungen

Es gibt nur wenige Dinge, die das kleine Bullyherz traurig werden lassen. Wie schon erwähnt: Er möchte bei Ihnen sein! Und das ist es eigentlich auch schon.

Wie jedem anderen Hund auch, ist ihm der Gang durch großes Menschengedränge einfach aufgrund seiner Perspektive auf die Welt nicht gerade angenehm. Wegen des guten Gehörs sollte er Sie auch nicht gerade zu einem Rock-Konzert begleiten, und ein ausgedehnter Besuch in einer Parfümerie wird wahrscheinlich seine empfindliche Nase etwas überfordern. Aber ich glaube, hier unterhalten sich ja gerade Hundefreunde und Ihnen sind all diese Dinge sowieso klar.

Viel interessanter ist da die Frage, womit Sie Bully-Augen zum Leuchten bringen: Essen, Schmusen und Spielen!
In aller Regel ist Ihr kleiner Frenchie ein ziemlich verfressenes Geschöpf, und die einzige Sorge, die Sie bei der Fütterung haben werden, ist nicht die Frage, was er mag, sondern wie Sie verhindern, ein Tönnchen aus ihm zu machen. Praktischerweise halten Sie gerade einen netten Ratgeber in der Hand, der versucht, Ihnen das Wichtigste an Basiswissen rund um den Bully zu vermitteln, und so finden Sie einige Seiten weiter auch Tipps und Hinweise zur Ernährung. Bücher sind doch großartig, nicht wahr?!

Ein Bully liebt alles, was er mit Ihnen gemeinsam machen kann. Aufgrund seiner recht kompakten Statur und der leider immer noch häufig eingeschränkten Atemwege, ist er nicht gerade zum Hochleistungssport geeignet. Aber wahrscheinlich hätten Sie sich als Marathonläufer auch nicht unbedingt einen Bully als Begleiter erwählt. Ich gehe also einmal davon aus, dass Sie zwischen Couch und Außenwelt regelmäßig wechseln und auch beides genießen. Denn das tut auch Ihr Bully. Ein idealer Bullytag beginnt damit, dass Sie sanft Ihre Bettdecke von ihm heben und ihn wach kuscheln. Richtig, ich gehöre zu der Gruppe Hundehalter, die nicht der Meinung sind, dass Hunde nicht ins Bett gehören. Kaum etwas ist netter, als diese kleine lebende Kuschelwärmflasche. Haben Sie lieber keinen Wauz im Bett? Okay für mich. Aber wahrscheinlich nicht so okay für Ihren Bully. Er wird aber lernen damit zu leben, auch wenn er regelmäßig mal nachfragen wird, ob Sie nicht vielleicht doch Gefallen an der Idee finden könnten. Nachdem er Sie dann bei Ihrem Frühstück beobachten und die Brötchenkrümel aufräumen durfte, gefällt ihm sicherlich die Idee von einem Spaziergang. Ob dieser nun mit Ihnen im Büro endet, zu Freunden führt, zum Shopping oder nach Hause ist dem Bully gleich. Hauptsache er ist dabei und kann draußen ein wenig die Morgenzeitung im Vorbeigehen lesen.
Ein Bully ist wirklich sehr genügsam, was seine Umgebung angeht. Er ist ein idealer Bürohund, der Kollegen und Kunden freundlich empfangen wird. Bei entsprechend guter Sozialisierung und Erziehung wird er nie zum Kläffer. Ein ständiges Bellen liegt unseren Bullys nicht im Blut. Er war schon immer Begleithund und nie Wachhund. So wurde auch zu Anfängen der Rasse eher auf seine

soziale Kompetenz und Verträglichkeit geachtet. Er ist in der Lage sich den verschiedensten Bedingungen anzupassen und (Sie werden es langsam nicht mehr lesen wollen, nicht wahr?) glücklich, so lange er nahe bei seinem Menschen ist.

Ein gut gezüchteter Bully, also einer der eine freie und problemlose Atmung hat, wird auch sehr gerne ein wenig Sport treiben. Ich kenne viele Bullys, die sehr erfolgreich im Agility sind, die Mantrailing machen und sogar regelmäßig mit Herrchen oder Frauchen joggen. Sie haben also mit einem Bully einen bunten Blumenstrauß an Beschäftigungsmöglichkeiten, und Sie können fröhlich alles ausprobieren und herausfinden, was Ihnen und Wauz am meisten Spaß bringt.
Aber auch ohne einen organisierten Hundesport ist Bully glücklich.

Was Bullys jedoch nicht so gerne mögen, ist tatsächlich große Hitze.
Bullys Fell besitzt keine Unterwolle. Diese schützt die Hunde nicht nur vor Kälte, sondern im Sommer auch vor Wärme. Abgesehen davon, dass er durch die kurz gezüchtete Nase niemals die gleichen Möglichkeiten zur eigenständigen Thermoregulation hat, schränkt ihn auch das kurze dünne Fell ein, wenn es um das Aushalten von Hitze geht. Bullys mögen oft große Hitze gar nicht. Fällt Ihnen bei ihrem Bully auch auf, dass er bei Hitze lieber gar nicht tagsüber raus möchte oder sehr schnell erschöpft, dann meiden Sie die Mittagshitze mit ihm. Verlegen Sie die großen Gassirunden lieber auf die ganz frühen Morgenstunden und den späten Abend. Über den Tag gehen Sie dann nur kurz zum Lösen mit ihm raus. Dies ist natürlich nur die Behandlung des Symptoms. Es gilt auch aus diesem Grund, einen wirklich guten Züchter zu finden und ein Baby zu kaufen, von Eltern die gesund und fit sind und die nachweislich eine größere Toleranz gegenüber Hitze haben als der durchschnittliche Bully.
Und in diesem Zuge eine kleine Warnung: Ein Bully kennt kein Stopp! Er wird sich, wenn Sie es zulassen, auch bei großer Hitze vollkommen verausgaben. Es ist also an Ihnen, Ihren kleinen Freund zur Ruhe und bei Hitze ins Kühle zu bringen. War Ihr Hund großer Hitze ausgesetzt und ist vielleicht sogar schon kurz vor einem Zusammenbruch (ja, das kann passieren), ist schnelles Handeln gefragt. Bringen Sie ihn in den Schatten und legen Sie ein nasses Handtuch über ihn. Die Verdunstungskälte des nassen Handtuchs wird ihm helfen. Bringen Sie einen überhitzten Hund niemals in kaltes Wasser oder duschen ihn womöglich sogar kalt ab. Sie können damit einen Kreislaufschock auslösen und Ihr Bully könnte daran versterben.
Diesen Fall hatten wir leider schon bei einem unserer Babies. Der Halter ist in hohen Temperaturen wirklich nur einen kurzen Weg, knapp 10 Minuten, mit seinem Bully die Strasse entlang zum Wald gelaufen. Direkt hinter dem Waldeingang verläuft ein kühler Bach und der Bully sprang wie gewohnt ins kalte Wasser. Der Kreislaufschock kostete ihn das Leben! Wie kommt das so schnell? Nun, Sie wissen ja, wie sehr sich Gehwege und Asphalt bei direkter Sonneneinstrahlung erhitzen. Haben wir dreißig Grad im Hochsommer und gehen die Straße entlang, ist die gefühlte Wärme um

ein Vielfaches höher, als z.B auf einem schattigen Straßenabschnitt. Und unser Bully ist dieser gespeicherten Hitze im Boden auf gerade mal 30cm Höhe ausgesetzt. Er läuft auf einer Art Herdplatte und heizt unglaublich auf. Sein Körper ist in höchster Anstrengung, diese Hitze zu bekämpfen und leistet Schwerstarbeit. Ein plötzlicher Temperaturwechsel, z.B. in einem kalten Bach, lässt den Kreislauf zusammenbrechen. Kommt Bully nicht sofort zu einem Arzt, wird er an den Folgen sehr schnell versterben.
Es ist immer besser, dem Körper Zeit zur Abkühlung zu geben und das nur sanft zu unterstützen. Natürlich rede ich hier nicht vom akuten Zustand des Hitzeschlags oder eben beschriebenen Kreislaufschocks. Hier hört die sanfte Behandlung auf und Sie sollten Ihren Hund mit Höchsttempo zum nächsten Arzt bringen!
In allen anderen Fällen suchen Sie mit ihm einen schattigen Platz auf. Ideal, wenn dort auch ein leichter Wind weht. Gehen Sie mit ihm ins Haus und lassen Sie ihn sich auf die kalten Badezimmer- oder Küchenfliesen legen. Und besagtes feuchtes Handtuch leistet gute und sanfte Unterstützung.

Die fehlende Unterwolle im Fell ist auch der Grund, weswegen unsere Bullys schneller frieren. Ein Jäckchen bei einem eher ruhigen längeren Spaziergang tut dem Bully hier gut und schützt ihn vor der Kälte. Achten Sie darauf, dass sich unter der Jacke keine Feuchtigkeit stauen kann. Dies könnte ein Erkältungsrisiko bedeuten. Es ist immer besser, den Hund so lange es geht ohne Jacke laufen zu lassen, und ist er aktiv und rennt und tobt draußen herum, wird er in aller Regel keine Jacke benötigen.
Aber er wird sie sehr mögen, wenn er eher ruhig mit Ihnen durch die Wälder zieht. Ein spezieller „Hundeschal" schützt ihn auch gegen eine Halsentzündung.

Entspannen und Spielen
ist für Hardy das
größte Vergnügen ...

Fragebogen

Bin ich der richtige Mensch für eine Französische Bulldogge?

Bin ich der richtige Mensch für eine Französische Bulldogge?

Diese kleine Sammlung von Fragen soll Ihnen helfen herauszufinden, ob ein Bully wirklich zu Ihnen passt. Antworten Sie bei einer Frage mit „Nein", sollten Sie sich noch einmal ganz in Ruhe bei einer Tasse Tee überlegen, was Ihnen gerade dieser Punkt bedeutet und ob Sie für Ihren kleinen Clown auch darüber hinwegsehen könnten.
Und wenn Sie bereits bei Beginn der Fragen zustimmend mit dem Kopf nicken und am Ende nur noch „Na klar doch!" denken: Herzlich Willkommen im Kreise der Bullymanisten! Sie sind bereits genauso befallen von dieser großartigen, das Leben verändernden Krankheit wie ich, und Sie werden einen Heidenspaß damit haben!

Haben Sie die Möglichkeit sich ausreichend Freiraum zu schaffen für die erste, intensive Zeit mit Ihrem Welpen?

Wenn Sie zur Miete wohnen, haben Sie das Einverständnis vom Vermieter?

Gehen Sie gerne spazieren? Und das auch bei jedem Wetter, egal ob die Sonne scheint, es in Strömen regnet oder Ihnen Eiseskälte entgegen bläst?

Haben Sie die Zeit und Motivation für 3 – 4 Spaziergänge am Tag? Reicht diese Motivation auch, um Ihren Bully von der Notwendigkeit dieses Spaziergangs zu überzeugen?

Sind Sie ein gelassener und geduldiger Mensch, der mit der zeitweiligen Bockigkeit eines Bullys gut klar kommt?

Können und wollen Sie Ihren Hund überall hin mitnehmen?

Werden Sie es mögen, von Ihrem Bully wie eine kleine Klette verfolgt zu werden und dass er immer an Ihrer Seite auf dem Sofa liegen möchte?

Haben Sie die Möglichkeit, Ihrem Bully in Ihrem Haus einen ruhigen, sicheren Ort zu bereiten, an dem er nicht gestört wird, wenn er sich zurückziehen möchte?

Haben Sie jemanden, der im Krankheitsfall auch längere Zeit mit Liebe und Fürsorge für Ihren Bully da sein wird?

Haben Sie ausreichend Geduld und Verständnis für die Ausbildung eines bockigen kleinen Bully-Dickschädels?

Wenn Sie berufstätig sind, können Sie sicherstellen, dass Ihr Bully nicht länger als 4 Stunden alleine ist?

Sind Sie bereit, alle Einschränkungen, die durch diese kleine süße Klette auf Sie zukommen werden, auf sich zu nehmen? Dass Sie nur noch in Restaurants gehen können, die Hundebegleitung erlauben. Dass Sie nur noch selten ins Kino gehen werden, selten auf festliche Veranstaltungen, eventuell sogar nicht mehr auf alle Familienfeiern, wenn Ihr Bully dort nicht erwünscht sein sollte. Möchten Sie sich für Ihren Bully darauf einlassen?

Haben Sie sich damit abgefunden, die Seychellen oder ähnlich tolle Urlaubsorte doch nicht zu besuchen, weil der Flug für den Bully zu anstrengend wäre? Schließlich werden Sie Ihren Bully überall mit hinnehmen wollen? Reicht Ihnen der Urlaub z.B. auf den Nordfriesischen Inseln für die nächsten 15 Jahre?

Ist es für Sie O.K., dass Sie die feinen Bullyhaare überall in Ihrer Kleidung, auf Ihrem Sofa, in Ihrem Bett, auf den Polstern in Ihrem Auto und vielleicht sogar in Ihrer Kaffeetasse finden werden?

Kommen Sie mit dem Dreck zurecht, den Ihr Bullyclown Ihnen ins Haus tragen wird? Denn einige Bullys buddeln für ihr Leben gern, suhlen sich im Modder und machen sich so richtig „schick“. Gehört das für Sie dazu und können Sie ihm diesen Spaß lassen?

Können Sie mit den kreativen Ausbrüchen Ihres Bullys leben, wenn er Ihre Sofakissen zerpflückt, die Zimmerpflanzen austopft, die Tischbeine kürzt oder den Teppich um ein paar Fransen mehr bereichert?

Sind Sie bereit die Verantwortung für Ihren Bully konsequent für sein ganzes Leben zu übernehmen?

Und haben Sie sich schon mit dem Gedanken angefreundet, sich eventuell einen zweiten Bully zu holen? Denn die Erfahrung zeigt: Ein Bully ist kein Bully ... und irgendwann kommt wahrscheinlich der Punkt, an dem Sie der Meinung sein werden, Ihr Bully sollte einen Kumpel bekommen. Sind Sie darauf vorbereitet?

Für Hardy
kann es nie genug
Schnee sein …

Mit dem Hund *auf Reisen*

caddie air

Mit dem Hund auf Reisen

Reise! Reise!

Hatte ich Ihnen schon mal erzählt, dass unser Bully am allerliebsten üüüüberall mit Ihnen hin möchte? Sollte ich dies vergessen haben zu erwähnen, ist es hiermit geschehen, und dieses „überall“ bezieht natürlich auch unsere Reisen mit ein. Also den Bully unter den Arm geklemmt und auf geht's? Fast! Natürlich möchten wir unseren Bully genauso sicher reisen lassen wie uns selbst, und dafür sind einige Anschaffungen und Vorbereitungen notwendig.
Überlegen Sie, ob der Bully wirklich mit auf die Reise muss, wenn Sie z.B. nur für 10 Tage in ein anderes Land in Urlaub fliegen. Ein Flug ist für die Hunde immer mit großem Stress verbunden, und oftmals ist die Unterbringung bei einem lieben und ihm bekannten Familienmitglied oder Freund oder auch in einer gut ausgewählten Hundepension die bessere Lösung. Aber da Sie wahrscheinlich, genauso wie ich, Ihren Bully auch im Urlaub nicht missen möchten, werden Sie wahrscheinlich eher ein mit dem Auto oder Zug erreichbares Ziel wählen. Ganz ehrlich, Deutschland hat die wundervollesten Orte für einen großartigen und erholsamen Bully-Mensch-Urlaub!
Dennoch hier ein paar derzeit gültige Einreisebestimmungen für die üblichen Verdächtigen unter den Urlaubsländern.

Urlaub innerhalb der EU

Die Reise mit Bully in ein Mitgliedsland der Europäischen Union ist relativ einfach. Der Hund muss einen gültigen Heimtierausweis der Europäischen Union besitzen (die blauen Ausweise). Und darüber hinaus die folgenden Kriterien erfüllen:

- Die Tollwutimpfung muss mindestens 21 Tage alt sein und nicht älter als drei Jahre. Dies hängt vom Hersteller des Impfstoffes ab. Bitte informieren Sie sich bei Ihrem Tierarzt, welchen Impfstoff er benutzt und wie lange dieser bezüglich der Gültigkeit zugelassen ist.
- Hunde, die vor Juli 2011 geboren sind, müssen eine gut lesbare Tätowierung besitzen, die auch im Ausweis eingetragen ist. Für alle anderen ist ein Chip unter der Haut Pflicht.
- Der Impfausweis muss von Ihrem Tierarzt vollständig, inklusive Beschreibung des Tieres ausgefüllt sein, und Sie müssen ihn immer bei sich führen.
- Für die Mitgliedsländer Großbritannien, Malta, Schweden, Finnland und Irland wurden die Einreisebestimmungen zum Glück etwas gelockert. Hier gab es noch Zeiten, als eingeführte Tiere sogar eine Quarantänezeit hinter sich bringen mussten. Für Hunde und Katzen fällt diese weg. Die Tiere müssen aber nachweislich vorher gegen Bandwürmer behandelt sein.

Besondere Bestimmungen der einzelnen Länder

Finnland: Die Bandwurmbehandlung darf höchstens 30 Tage alt sein.

Großbritannien: Die Bandwurmbehandlung muss 24 bis 120 Stunden vor Einreise geschehen und im Impfausweis vom Tierarzt bestätigt sein. Außerdem empfiehlt sich derzeit hier eine Reisevorbereitung von 7 Monaten, denn der Hund muss vollständig durchgeimpft werden, und diese Impfung muss mittels Bluttest mindestens 6 Monate vor Einreise durch den Tierarzt nachgewiesen werden.

Italien, Portugal: Maulkorb und Leine sind mitzuführen.

Schweden: Die Bandwurmbehandlung darf höchstens 10 Tage alt sein. Die Impfung gegen Leptospirose und Staupe ist Pflicht und es besteht landesweit Leinenpflicht.

Tschechien: Die einzelnen Städte und Gemeinden regeln die Leinen- und Maulkorbpflicht selbst. Bitte informieren Sie sich vor Ort und führen Sie beides vorsichtshalber mit.

Ungarn: Auf öffentlichen Plätzen besteht Leinenpflicht, in öffentlichen Verkehrsmitteln auch Maulkorbzwang.

Zypern: Die Bandwurmbehandlung muss 24 bis 48 Stunden vor Einreise durchgeführt worden sein.

Urlaub außerhalb der EU

Die Reise in andere Länder bedarf etwas mehr Vorbereitung und genauerer Information. Das Auswärtige Amt und das Bundeslandwirtschaftsministerium informieren Sie hier gerne über die genauen Bestimmungen und Gefahren bezüglich Krankheiten, die in den einzelnen Ländern vorkommen. Aber auch ich möchte natürlich die wichtigsten Infos mitgeben.
Man unterscheidet diesbezüglich zwischen so genannten „gelisteten Drittländern“ und „ungelisteten Drittländern“. Dies bezieht sich auf die Tollwut-Situation im Land. In „gelisteten Drittländern“ ist ein Programm gegen die Tollwut bekannt und auch die Verbreitung von Tollwutfällen weitestgehend dokumentiert. In den „ungelisteten Drittländern“ gibt es kaum oder keine Informationen über Tollwutfälle und sie gelten als gefährlich diesbezüglich.
Zu den „gelisteten Drittländern“ zählen z.B. Australien, Kanada, USA, Norwegen, Schweiz, Kroatien und Liechtenstein.
Zu den „ungelisteten Drittländern“ zählen z.B. Serbien/ Montenegro und die Türkei.
In den „gelisteten Drittländern“ sind die Bestimmungen bezüglich der Einreise weitestgehend identisch mit denen innerhalb der EU. Zusätzlich zum EU-Heimtierausweis und den gültigen Impfungen müssen Sie für die folgenden Länder noch einige Bestimmungen mehr erfüllen. Die Liste ist nicht vollständig. Ich nenne hier nur ein paar Länder. Wird Ihr Urlaubsland nicht aufgeführt, sollten Sie sich beim Auswärtigen Amt oder der Botschaft des betreffenden Landes informieren.

„Herrlich, die warme Sonne. Aber sag‘ mal Lise, wieviel Ohren haben wir eigentlich …“

Australien und Neuseeland: In diesen Ländern gibt es extrem strenge Einfuhrbedingungen und auch einige Quarantänevorschriften. Bitte informieren Sie sich mindestens 6 Monate vor Einreise über die aktuellen Bestimmungen beim Auswärtigen Amt oder der jeweiligen Botschaft.

Bosnien-Herzegowina: Die Tollwutimpfung des Hundes darf nicht älter als 6 Monate sein und eine Staupeimpfung ist ebenfalls Pflicht.

Kroatien: Hier sollten Sie Leine und Maulkorb vorsichtshalber mitführen. Bei der Einreise müssen Sie Ihren gültigen Impfausweis mit einem tierärztlichen Gesundheits- und Impfzeugnis vorlegen. Die Tollwutimpfung muss mindestens 30 Tage zurück liegen und darf nicht älter als ein Jahr sein. Die tierärztliche Untersuchung kann kostenpflichtig auch direkt an der Grenze vorgenommen werden.

Norwegen: Ein nach Norwegen reisender Bully muss bei Einreise mindestens 7 Monate alt sein. Die Tollwutimpfung und Titerhöhe muss vor Einreise mittels eines Bluttests bestätigt werden und Sie benötigen eine tierärztliche Gesundheitsbescheinigung, die maximal 10 Tage für die Einreise gültig ist. In Norwegen besteht Leinenpflicht.

Russische Föderation: Amtstierärztliches Gesundheitszeugnis, nicht älter als 10 Tage.

Schwei:z In der Schweiz ist das Tragen eines Mikrochips Pflicht. Die Tollwutimpfung sollte mindestens 21 Tage und höchstens ein Jahr alt sein.

USA: Ihr Bully benötigt für die Einreise in die USA ein amtlich anerkanntes Gesundheitszeugnis, dass er frei von auf Menschen übertragbare Krankheiten ist. Seine Tollwutimpfung muss mindestens 30 Tage alt sein und darf jedoch nicht länger als ein Jahr zurück liegen.

Egal in welches Land Sie mit Ihrem Bully reisen, Sie sollten früh genug mit der Vorbereitung beginnen. Mindestens 3 Monate vorher sind immer zu empfehlen ... Einen zu frühen Vorbereitungsbeginn gibt es hier nicht. Und schauen Sie beim Auswärtigen Amt auch noch mal nach den aktuellen Einreisebestimmungen für Hunde. Bestimmungen können sich immer ändern, und gerade bei weiten Reisen ist eine gute Vorbereitung mindestens ab 6 Monaten vor dem Einreisetermin wirklich zu empfehlen.

Notfall-Apotheke

Es ist sinnvoll, dass Sie sich eine gute Notfall-Apotheke zulegen, damit Sie für alle Eventualitäten gerüstet sind. Wenn Sie der Sprache in Ihrem Urlaubsland nicht ausreichend mächtig sind, wird die Suche nach einem Tierarzt unter Umständen zu einem echten Abenteuer. Aber bei guter Vorbereitung können wir die meisten kleinen Unfälle oder Verstimmungen unseres Bullys sehr gut und schnell selbst behandeln.

In Ihrer Apotheke sollten Sie Folgendes mitführen:

Verbandsmaterial
Kompressen
Klebeband
Pflaster
Zeckenhaken (diese sind besser als die Zangen und oft in zwei oder drei verschiedenen Größen in einer Packung enthalten. Sie werden einfach unter die Zecke geschoben, und die Zecke, ist sie auch noch so klein, kann einfach und sicher herausgezogen werden.)
Bach-Blüten-Notfalltropfen
Zugsalbe (z.B. für eine Analbeutelentzündung oder Entzündungen nach kleinen Ratschern)
Desinfektionslösung für die Haut
Panthenolcreme
Pinzette
Eine homöopathische Sportcreme im Falle von Prellungen oder Verstauchungen. Ich empfehle Traumeel®.
Spot-on gegen Flöhe
Wurmmittel
Ohrreiniger
Wattestäbchen
Antibiotika für den akuten Fall
Schmerzmittel für Hunde

Der Bullykoffer

Auch Ihr Bully möchte ein paar eigene Sachen mit in den Urlaub nehmen. Also packen Sie ihm doch einfach einen eigenen Koffer. Die folgenden Dinge sollten Sie in das Urlaubsgepäck Ihrer Faltenschnute legen:
Ausreichende Menge des gewohnten Futters
Fressnapf und ein Napf für Wasser
Halsband, Geschirr und Leine, sowie mindestens ein zweites Set, sollte eines kaputt gehen.
Ein Maulkorb, je nach Urlaubsland
Kuschelkörbchen oder eine weiche Decke
Mindestens zwei eigene Handtücher
Spielzeug

Reisen im Auto

Bully sollte auch im Auto nicht ungesichert reisen. Hier haben wir verschiedene Möglichkeiten. Verbringt Ihr Bully die Fahrt frei im Kofferraum eines Kombis, dann schaffen Sie sich unbedingt ein Sicherheitsnetz oder ein Gitter an, welches Ihren Liebling dann daran hindert, sich während der Fahrt auf Ihren Schoß schleichen zu wollen. Oder lassen Sie ihn während der Fahrt im Kofferraum in einem Kennel. Die aus Aluminium oder Stahl sind dann fest installiert im Fond des Wagens, oder sie kaufen einen tragbaren, faltbaren Reisekennel aus Stoff. Kennels aus Stoff werden häufig sehr schnell akzeptiert, und Sie können Ihren Bully sehr gut von Anfang an daran gewöhnen, in einem faltbaren Reisekennel die Fahrt zu verbringen. Das ist z.B. ganz praktisch, wenn Sie ihn mal mit an einen Ort nehmen, an dem er nicht frei rumlaufen kann oder soll. Diese Kennels sind zusammengefaltet sehr leicht zu tragen, und er kann dann in dem für ihn gewohnten „Häuschen" in Ruhe und Sicherheit dabei sein. Viele Hunde empfinden diese faltbaren Reisekennels aus Stoff wirklich als Ort der Entspannung und kommen darin sehr schnell zur Ruhe, wenn sie z.B. sehr aufgeregt sind. Möchten Sie ihm lieber auch im Auto etwas mehr Freiheit gönnen, dann kaufen Sie ihm ein Geschirr mit Sicherung über den Anschnallgurt. Hier kann Bully dann auch neben Ihnen auf dem Beifahrersitz liegen oder sitzen und auch während der Fahrt einmal den Ausblick durch das Fenster genießen. Unsere Isabeau liebt es, während der Fahrt vorn heraus zu schauen und Staus sind für sie ein wahres Vergnügen. Sie steht dann mit den Vorderpfoten am Seitenfenster und schaut die Menschen neben uns, Kopf drehend und Grimassen schneidend, an. Dies führt immer wieder zu nettem Austausch von Lächeln, Gesten und sogar zu Gesprächen, die einem im Stau ganz hervorragend die Zeit vertreiben.
Planen Sie auf Ihrer Fahrt in den Urlaub ausreichend Pausen für Ihren Hund ein. Es empfiehlt sich,

schon vorher die Strecke auf einer Karte oder im Internet anzusehen und bummelig alle 2 – 3 Stunden eine halbstündige Erholungspause für das kleine Faltenmonster einzuplanen. Geben Sie ihm während dieser Pausen ausreichend Wasser und, wenn er mag, etwas leicht verdauliche Kost. Den Bauch sollte er sich nicht vollschlagen können. Viele Hunde, und unsere Bullys ganz besonders, neigen zu Übelkeit, wenn sie mit vollem Bauch im Auto sitzen. Lassen Sie während der Pause Ihren Bully ein wenig laufen und toben, sich lösen und das Köpfchen ein bisschen intelligent benutzen. Das wird ihm Spaß bereiten und er wird sich danach gerne wieder mit Ihnen auf den Weg machen.

Reisen im Zug

Ihren Welpen werden Sie bei der Deutschen Bahn noch in einem Transportkorb kostenlos mitnehmen dürfen. Aber alles was größer als eine Hauskatze ist, muss derzeit den halben Fahrpreis zahlen und in der Bahn stets an der Leine geführt werden. Maulkorb ist Pflicht. Bei Reisebuchung sollten Sie den Hund gleich mit anmelden und sich die geltenden Bedingungen noch einmal bestätigen lassen.

Lange Bahnfahrten mit Hund sind ein wenig kompliziert. Der Hund kann sich nicht wirklich frei bewegen, und drückt die Blase, ist Kreativität gefragt. Plastikbeutel und Küchenrolle sollten Sie immer dabei haben, um so die ein oder andere Hinterlassenschaft zu entfernen.

Wenn Sie die Möglichkeit haben, buchen Sie unbedingt die Fahrt in einem Abteil. Das ist für Ihren Hund aufgrund des begrenzten Raumes mit weniger Stress verbunden. Ein Großraumabteil bedeutet für jeden normalen Hundekopf totale Reizüberflutung mit Gerüchen, Geräuschen, sich bewegenden Menschen. Und in Großraumabteilen sind meist die Sitzreihen derart eng, dass sich der arme Bully irgendwie unter den Sitz klemmen muss. Keine ganz so angenehme Fahrt. Wie Sie vielleicht gerade feststellen, bin ich kein Freund von langen Zugreisen mit Hund. Wenn Sie mich fragen, würde ich immer zu einer Fahrt mit dem Auto raten, da Sie die Pausen viel freier planen und im Notfall mal eben schnell die Fahrt unterbrechen können.

Reisen im Flugzeug

Hat der Bully das Vergnügen, mit Ihnen einen langen Aufenthalt in einem entfernten Land zu verbringen, wird er um einen Flug selten herumkommen. Der ausgewachsene Bully wird den Flug leider immer im Frachtraum des Flugzeugs verbringen müssen, und für unsere kleinen anhänglichen Lieblinge bedeutet das echten Stress. Beginnen Sie 2 – 3 Wochen vor dem Flug mit der Gabe von Bach-Blüten-Notfalltropfen. Diese gebe ich immer mit ins Trinkwasser und auch ein paar Tropfen über das tägliche Futter. Sie haben keinen Nebenwirkungen und sorgen bei dafür empfänglichen Geschöpfen (Hunde gehören für gewöhnlich zu den sehr empfänglichen Geschöpfen, wenn es um Homöopathie geht!) für eine gewisse Gelassenheit und höhere Akzeptanz ungewohnter Situationen.

Für den Flug benötigen wir eine speziell von den Fluglinien zugelassene Transportbox. Bitte informieren Sie sich mindestens 3 Monate vor Abflug bei Ihrer Fluglinie über die gültigen Bestimmungen bezüglich des Transportes von Hunden.
Die Box sollte mindestens groß genug sein, dass Ihr Bully darin bequem stehen und sich drehen und hinlegen kann. Legen Sie die Box am besten mit zwei bis drei Schichten Decken aus. Ganz unten eine mit gummierter Unterseite, damit nichts verrutscht und Bully dann vor einem Haufen Decken auf dem Plastikboden liegen muss. Darauf würde ich ein dickes, saugfähiges Tuch oder Handtuch legen und als oberste Schicht eines der speziellen Drybeds oder auch Vetbeds. Das spezielle Material ist sehr flauschig und dick und Bully liegt darauf sehr bequem. Und da Ihr Bully sehr wahrscheinlich während des Fluges mal Pipi machen wird, sorgt diese spezielle Decke dafür, dass die Flüssigkeit sofort nach unten weggeleitet wird und Bully weiterhin trocken liegt.
Außen auf die Box kleben Sie ein Schild mit dem Namen Ihres Bullys und Ihrem Namen, Ihrer Anschrift, Ihrer Anschrift am Urlaubsort, Ihrer Flugnummer und Ihrer Telefonnummer.
Außerdem sollten Sie außen an der Box eine Klarsichthülle ankleben (falls die Box nicht bereits über ein spezielles Fach dafür verfügt), in die Sie folgende Dokumente einlegen:
Zettel mit Namen des Hundes, Ihren Namen und Ihre Heimatanschrift, Ihre Anschrift am Urlaubsort, Ihre Telefonnummer, sowie eine Notfalltelefonnummer von jemandem, der über alle wichtigen Informationen rund um die Reise Ihres Bullys verfügt, sollten Sie nicht erreichbar sein.

Die notwendigen Transportpapiere:
Die notwendigen Einfuhrpapiere, ärztliche Atteste u.ä.
Eine vollständige Kopie des EU-Heimtierpasses.

Wenn Sie Ihren Flug buchen, sollten Sie unbedingt versuchen einen Direktflug zu bekommen. So ersparen Sie dem Bully den Stress des Zwischentransportes und eventuelle Wartezeiten an dem für ihn vollkommen fremden Bereich des Flughafens.
Sie selbst sollten auch noch einmal alle Dokumente für den Flug Ihres Hundes in Kopie bei sich führen und auch ein Foto von Ihrem Hund, damit Sie jederzeit belegen können, dass es sich wirklich um Ihren Bully handelt. Und informieren Sie sich bitte vor Reiseantritt darüber, wo Sie Ihren Bully dann im Urlaubsland am Flughafen wieder in Empfang nehmen dürfen und ob für ihn eine spezielle Flughafengebühr zu zahlen ist. In manchen Ländern gibt es so was.
Ist Ihr Bully sehr nervös, hilft ihm eventuell ein leichtes Beruhigungsmittel vom Tierarzt. Die Verträglichkeit eines solchen Mittels sollten Sie aber unbedingt vorher mit Ihrem Tierarzt gemeinsam testen. Ich rate auch, hier sehr genau abzuwägen. Schon bei manchen Tieren kam es aufgrund des Beruhigungsmittels während des Flugs zu teils schweren Kreislaufproblemen. Dies also wirklich nur im äußersten Notfall. Bei einer trächtigen Hündin oder schon etwas klapprigen Senioren bitte ich Sie, dem Wauz den Flug zu ersparen.

Reisen auf See

Legen Sie einen Teil Ihrer Urlaubsfahrt auf einer Fähre zurück, dann empfiehlt sich auch hier, sich direkt bei der Reederei über die Bestimmungen für die Mitführung Ihres Bullys zu informieren. Auf vielen Fähren müssen Hunde die Überfahrt im Auto verbringen. Bei langen Fahrtzeiten kann dies zu einer echten Tortur werden, zumal meistens während der Fahrt für Sie keine Möglichkeit bestehen wird, zu Ihrem Auto zu gelangen, um nach dem Rechten zu sehen. Einige Fähren bieten spezielle Zwinger für die Überfahrt an. Hier ist es wichtig zu wissen, wo sich diese auf dem Schiff befinden. Das könnte auch direkt neben dem Maschinenraum sein. Hier gibt es dann nicht nur eine große Lärm- und Geruchsbelästigung für Ihren Hund durch die betriebenen Schiffsmaschinen, es kommt auch eine unter Umständen sehr große Hitze in diesen Bereichen hinzu.
Auf manchen Fähren ist es erlaubt, den Hund an der Leine in Bereichen ohne Teppiche mitzuführen, und wieder andere erlauben auch den Aufenthalt in Bereichen mit Teppichen, wenn der Hund auf seiner Decke liegt. Für Schiffsfahrten gibt es wirklich eine Vielzahl unterschiedlichster Bestimmungen, die ich Ihnen gar nicht alle aufzählen kann.
Fahren Sie mit einer Schnellfähre oder einem Hoovercraft, erkundigen Sie sich nach dem zu erwartenden Wellengang. Für so manchen Zweibeiner ist ein starker Wellengang schon schwer zu ertragen, und für unseren Bully wird es eine körperliche und emotionale Katastrophe werden, wenn er nicht gerade das Vergnügen hatte, schon öfters mit Ihnen z.B. zu segeln.

Planen Sie eine Segeltour mit Bully, dann gönnen Sie ihm auf jeden Fall eine eigene Schwimmweste und lassen Sie ihn die während der Fahrt immer tragen. Lassen Sie ihn auch nie unangeleint auf dem Boot frei herumlaufen. Zu schnell ist es passiert, dass der Wauz über Bord geht.

Egal welche Reiseform Sie wählen, oberste Priorität sollten immer die Sicherheit Ihres Bullys während der Fahrt und die Reduzierung des Stresses für ihn sein. Versuchen Sie sich also in die kleine Bully-Seele hineinzuversetzen, die gerade nicht versteht, warum wir diese Tour unternehmen und wohin wir möchten.

Reist Ihr Bully nicht mit Ihnen, ist die Unterbringung bei einem lieben, ihm bekannten Familienmitglied und guten Freund die bei weitem beste Alternative. Manchmal ist das jedoch nicht möglich und wir müssen eine Hundepension buchen. Vor der Buchung prüfen Sie am besten alles vor Ort. Wie gehen die Mitarbeiter mit den vierbeinigen Gästen um, welche Beschäftigungsmöglichkeiten werden angeboten, und am allerwichtigsten: Wie sauber und sympathisch sind die Räume, in denen Bully seinen Urlaub verbringt. Hier gibt es wirklich große Unterschiede und die Besichtigung mehrerer Pensionen ist durchaus angebracht. Wenn möglich, erkundigen Sie sich auch bei den Haltern ehemaliger Gäste nach deren Erfahrungen mit dieser Pension oder hören Sie sich im Bekanntenkreis um, ob jemand vielleicht schon ein Tierhotel empfehlen kann. Geben Sie dann für die Zeit des Aufenthalts eine ausreichende Menge des gewohnten Futters mit, Bullys Lieblingskörbchen und Schmusedecke sowie einige seiner Spielzeuge. Auch ein von Ihnen mehrere Nächte getragenes T-Shirt, auf dem Bully dann liegen kann, ist immer wieder ein gutes Mittel um die Sehnsucht für ihn in Grenzen zu halten.

Sina meint, Reisen sei anstrengend, aber schöööön ...

BOULANGERIE

„Du liebe Lotte, im sonnigen Süden ist es ganz schön heiß. Was hälst Du von einer süßen Erfrischung …“

Zu Besuch bei
Lise & Lotte

Wer ist Lise?
Und wer ist Lotte?
Egal, Lise & Lotte
sind Charme im
Doppelpack!

Erste Ausfahrt mit dem neuen Fahrrad, natürlich chic und stylish wie immer, aber doch noch etwas skeptisch. Das legt sich schnell und nach kürzester Zeit entspannt man genüsslich.

Lieblingsplatz am Abend. Von hier oben haben die beiden alle und alles voll unter Kontrolle, es könnte ja sein, dass noch etwas Tolles passiert.

Lise & Lotte: Unzertrennlich und voller Energie. Jede Gelegenheit nehmen die beiden wahr, sich gegenseitig um den Baum zu jagen. Einmal linksrum, dann rechtsrum, und linksrum, und ... Nach dem Toben haben sie sich dann auch wieder ganz lieb.

Lise spielt Billard. Lotte schaut zu.

Zu Besuch bei
Gizmo & Murphy

MURPHY

Gizmo oder Murphy: Wer hier demnächst die Regie übernimmt, wird sich noch herausstellen.

Spaziergänge mit der ganzen Familie hat Gizmo am liebsten. Und schließlich muss Murphy, das jüngste Familienmitglied, auch mal an die Luft. Und draußen gibt es ja so waaahnsinnig viel zu entdecken. Sind das etwa Trüffel?

Gizmo gibt hier das perfekte Hunde-Model. Könnte diesem Blick wirklich irgendjemand widerstehen? Ein Leckerchen (mindestens) müsste allerdings dafür drin sein.

Die große Liebe: Murphy, Gizmo und Lisa.

Zu Besuch bei
Jacques

Zu Babyzeiten wurde er von Saschas Freunden gerne mal die „kleine Fledermaus“ genannt, heute achtet Jacques als Juniorchef in Saschas Friseur-Salon genau darauf, dass alles seine Richtigkeit hat.

Zweites Zuhause: Jacques im Salon.

Jacques liebt sein Rudel inniglich, und wenn es auf Reisen geht, ist er selbstverständlich einer der Ersten im Auto. Eine Reise ohne ihn? Undenkbar! Denkt er.

Hundepsychologie, Erziehung, Pflege, Ernährung

Hundepsychologie, Erziehung, Tierpflege, Ernährung

Ich glaube, dies ist eines der wichtigsten, wenn nicht das wichtigste Kapitel im ganzen Buch. Sie tragen ein Leben lang Verantwortung für das Wohl Ihres Hundes und diese Verantwortung beginnt am Tag des Einzugs. Es geht nicht nur um seine körperliche Gesundheit und Ernährung, sondern auch um grundlegende Erziehung. Es geht darum zu verstehen und zu verinnerlichen, dass ein Hund ganz andere Bedürfnisse hat als ein Mensch, und vor allem, dass er eben kein Mensch ist und man ihm somit auch keine menschliche Denkweise unterstellen darf. Ein Hund handelt intuitiv. Er kann die Folgen seiner Handlungen nicht in seine „Überlegungen" einbeziehen.
Dies beim eigenen Tier zu berücksichtigen, welches doch manchmal einen allzu menschlichen Eindruck macht und ja irgendwie auch das eigene kleine Baby ist, ist oft schwer. Es fällt uns allen leichter, hündische Verhaltensweisen bei fremden Hunden zu akzeptieren, dem eigenen aber nehmen wir sie manchmal übel, weil er doch wissen sollte, dass es falsch ist und er uns doch schließlich liebt. Menschlich zu verstehen, aber aus tierpsychologischer Sicht führt das zu einem falschen Umgang mit dem Hund.
Ich weiß, wovon ich rede. Und damit meine ich nicht mein Tierpsychologiestudium. Ich meine mich ganz persönlich und meine Beziehung zu meinen Tieren. Wie oft erwische ich mich dabei, wie ich mich in ganzen Sätzen mit ihnen unterhalte und mir gerne vorstelle, dass sie das ganz bestimmt verstehen. Meine Tiere sind schließlich anders! Und wie viel lasse ich ihnen durchgehen, weil ich doch so verliebt in sie bin, was ich bei fremden Tieren nicht akzeptieren würde. Was soll's, wir können nicht immer alles richtig machen.

Und an dieser Stelle muss ich gleich zu Beginn mit einem Ammenmärchen aufräumen: Ein Bully mag vieles sein ..., aber leicht zu erziehen ist er ganz sicher nicht! Unsere süßen und so liebevollen Clowns können Sie sich gerne als ein lebenslang vierjähriges Kind vorstellen. Zuckersüß und einfach zum Knutschen und Liebhaben, aber eben auch ein kleines Wesen, welches gerne Grenzen austestet und mitunter sehr bockig sein kann. Und unsere Bullys können sehr, sehr stur sein. Ich sage immer, sie neigen zur „selektiven Taubheit". Sie hören (sofern sie nicht eine Krankheit haben und tatsächlich physisch taub sind) in aller Regel ganz hervorragend. Jedoch ist ihre Folgsamkeit sehr abhängig von ihrer Laune, der Umgebung, den vermeintlich vielen tollen interessanteren Dingen. Sorgen Sie also dafür, dass Sie für Ihren Bully immer am interessantesten sind. Da Bullys normalerweise wirklich ziemlich verfressen sind, kann man sich mit Leckerchen hervorragend interessant machen. Aber seien Sie hier auch nicht allzu spendabel. Reduzieren Sie sein normales Futter um die Menge, die der Hund über den Tag an Leckerchen bekommt. Denn zu dick sollte kein Hund werden. Und für unsere Bullys kann dies noch einmal fataler sein. Halten Sie sein Gewicht lieber „sportlich". Also lieber ein halbes oder ein Kilo weniger als eines zu viel. Unsere Süßen sind aufgrund ihres Körperbaues eh schon prädestiniert für Gelenkprobleme, und zusätzliches Gewicht nimmt hier sehr negativen Einfluss. Aber auf die Ernährung gehe ich gleich noch einmal ein.

Kümmern wir uns jetzt erst einmal um die liebe Erziehung. Und die ist ja bei einem neu eingezogenen süßen Hundewelpen immer wie ein Zwiespalt. Der Zwerg ist so niedlich und das Herz geht uns allen doch auf, wenn wir mit ihm kuscheln und toben. Alles nicht so schlimm, wenn er mal an den Händen knabbert oder uns am Hosenbein zieht. Das Problem daran ist, dass er sich daran gewöhnt und später nicht versteht, warum er es nicht mehr darf. Überlegen Sie sich also sehr gut, was Sie sich von Ihrem erwachsenen Hund wünschen und fordern Sie es vom ersten Tag des Zusammenlebens an – so schwer es auch fällt. Das Wichtigste in der Hundeerziehung ist kompromisslose Konsequenz.
Aber bitte missverstehen Sie dies nun nicht als Strenge oder Herzlosigkeit. Wir können auch äußerst liebevoll konsequent sein, ohne den Hund zu maßregeln. Die Art und Weise und vor allem die eigene Körpersprache und Stimmlage sind maßgeblich.

Es gibt verschiedenen Philosophien in der Hundeerziehung. Einige arbeiten mit Dominanz, andere mit Belohnung. Die Belohnung ist ganz klar mein Favorit. Trainer, die mit Dominanz arbeiten, arbeiten leider oft viel zu aggressiv und mit viel Druck. Das lehne ich komplett ab. Es gibt viele Trainer, die mit positiver Bestärkung arbeiten, und damit ist der Hund immer sehr viel besser zu erreichen. Manche Erziehungsmethoden basieren auf der Theorie, dass es ein Rudelgefüge zwischen Mensch und Hund nicht geben würde. Dem stimme ich persönlich nicht zu. Hunde sind sehr begabt darin, sich anderen Spezies anzupassen und ihre Art der Kommunikation zu lernen. Und es ist eine Tatsache, dass Hunde in einem Rudelgefüge mit einer Rangordnung leben, und dies schließt, meiner Meinung nach, auch seine menschliche Familie mit ein. Jedoch braucht er keinen Rudelführer, sondern einen Vertrauten. Mit Dominanz lösen Sie Angst aus, Ziel ist aber, sein Vertrauen zu gewinnen. In puncto Training und Erziehung sollten Sie sich also so viel Wissen wie möglich aneignen und sich einige gute Fachbücher zulegen. Jeder Hund ist anders und jeder Hund lernt anders. Nur Sie kennen Ihren Hund am besten und können mit ausreichend Fachwissen dann beurteilen, welche Erziehungsmethode für Ihren Hund am Erfolg versprechendsten ist. Aber es gibt auch Einiges mit Allgemeingültigkeit und dies, als wichtiges Basiswissen, möchte ich Ihnen hier gern vermitteln.

Die Vorbereitung auf den Einzug

Bleiben wir beim Bild vom vierjährigen Kind. Kinder nehmen gerne alles in die Hand und inspizieren es. Aus Mangel an Händen wäre das bei unserem Welpen also das Maul. Und ein Welpe kaut wirklich auf allem. Gehen Sie also mit offenen Augen durch Ihr Haus und gucken Sie, an was er herankommen könnte. Kleinteile würde ich vorsichtshalber wegräumen. Denn hat es Bully erst einmal im Maul, wird er es eher schnell runterschlucken, wenn Sie dann angelaufen kommen um es ihm wegzunehmen, als dass er es wieder hergibt.

Suchen Sie eine ruhige Ecke, z.B. im Wohnzimmer, in der Sie ihm einen sicheren Ort einrichten. Für den Bully ist es wichtig einen Platz zu haben, an dem er Ruhe hat und von dem er weiß, dass er sich ungestört dahin zurückziehen kann. Haben Sie Kinder, ist es wichtig auch denen klar zu machen, dass der Hund unter allen Umständen in Ruhe gelassen werden muss, wenn er sich an diesen Ort zurückzieht.

Sichern Sie Kellertreppen oder Treppen in Obergeschosse vorsichtshalber mit einem Kindergitter ab, wenn Sie nicht die Möglichkeit haben immer auf den Bully aufzupassen.

Bullyalarm! Grundsätzliches für Ihr Leben mit dem Hund

Vom Züchter werden Sie einige Hinweise und Tipps mitbekommen haben und er sollte Ihnen auch das gewohnte Futter mindestens genannt oder noch besser, gleich eine Menge für die ersten Tage mitgegeben haben. Kommt Ihr Hund mit diesem Futter gut klar, heißt er frisst es gerne und hat keine Durchfälle oder Verstopfungen davon, dann geben Sie ihm dieses Futter im ersten Lebensjahr.

Lassen Sie Ihren Bully in Ruhe das Haus inspizieren, vermeiden Sie Unruhe und viele Besucher die den Neuen begrüßen wollen. Zwei Tage zur ruhigen Eingewöhnung sollten Sie ihm lassen.

Einen Teil der wichtigen Sozialisierungsphase hat Bully ja schon beim Züchter hinter sich gebracht und ist hoffentlich zu einem entspannten und vertrauensvollen kleinen Hund geworden. Ihre Aufgabe ist es nun, sein Vertrauen in die Menschen zu festigen und ihn an die große weite Welt zu gewöhnen.

Sie sollten mit dem Welpen ein wenig unternehmen. Mit ihm mal Einkaufen gehen und ihn die Menschen dort sehen lassen, Straßen und Autoverkehr, andere Hunde auf Hundewiesen. Alles sollte er in dieser ersten Zeit erleben. Und das hat auch einen Grund. Man sagt, etwa bis zu 15. Woche bildet das junge Bullyhirn Verbindungen, wie es dies nie wieder im Leben tut. Sicherlich lernt ein Hund ein Leben lang. Aber nie wieder wird er aus dem Gelernten eine ähnliche Gelassenheit im Umgang mit der Situation ziehen. In dieser Phase ist auch große Vorsicht angesagt. Alle schlechten Erfahrungen, Panik erzeugende Situationen, eventuell erlebte Gewalt und Aggression, alles was den Bully ängstlich oder unsicher gemacht hat, wird ihn wahrscheinlich ein Leben lang belasten und ist kaum wieder gut zu machen. Die Fähigkeit zur Partnerschaft mit dem Menschen wird in dieser Phase unwiderruflich entschieden und eben auch, ob diese Fähigkeit positiv oder negativ unterlegt ist. Am wichtigsten ist, dass Ihr Bully erst einmal Ihnen vertraut und gemerkt hat, dass er sich an Ihnen orientieren kann. Üben Sie nicht mit ihm, wenn Sie selbst schlecht gelaunt, überarbeitet, gestresst oder unsicher sind. Sie sollten Ruhe und Sicherheit ausstrahlen. Geht es Ihnen nicht so gut, bleiben Sie lieber, wenn möglich, mit ihm zu Hause und kuscheln Sie auf dem Sofa.

Beobachten Sie Ihren Hund in jeder Trainingssituation und vermeiden Sie Überforderung. Reagieren Sie, bevor sich der Hund von selbst abwendet oder sich aus der Situation herausziehen möchte. Immer mal wieder 5 oder 10 Minuten täglich reichen vollkommen. Sind Sie in einer großen Einkaufsstraße mit vielen Menschen, können Sie ihn dieser Situation z.B. 5 Minuten am Boden aussetzen und ihn danach erst einmal hoch nehmen. Wenn Sie die Möglichkeit dazu haben, setzen Sie sich mit ihm gemütlich auf eine Bank und lassen Sie ihn das Geschehen beobachten. Zeigt er Interesse, sollten Sie ihn loben und ihm z.B. ein Leckerchen geben oder noch besser mit ihm spielen. Schließlich sind die Eindrücke von den vielen riesig und übermächtig erscheinenden Menschen aus Bodenperspektive sehr groß, und dies auszuhalten verdient größtes Lob.

Ich empfehle immer eine Hundeschule zu besuchen. Auch wenn Sie bereits über sehr gute Hundeerfahrung verfügen. Einmal haben Sie dort jemand Außenstehenden, der mit objektivem Auge auf die Beziehung von Ihnen zu Ihrem Hund achtet, und dann trifft er dort auf andere Welpen mit den verschiedensten Sozialisierungsstadien und lernt diese kennen und mit ihnen umzugehen. In den ersten Wochen und Monaten ist also viel Engagement und Aktivität gefragt.

Wie lernt ein Hund?

Wir Menschen lernen aus Erfahrung und Verknüpfung. Wir denken logisch und sind in der Lage, unsere Handlungen aus unseren Erfahrungen heraus schon vorher zu durchdenken und die Folgen abzuschätzen. Diese Gabe ist einem Hund nicht gegeben. Ein Hund lernt rein durch Verknüpfung. Hier mal einige Beispiele, wie Ihr Hund diese Verknüpfung erfährt.

Ihr Bully verknüpft Verhaltensweisen positiv, wenn er dafür Aufmerksamkeit und Lob erfährt. Er also Erfolg hat. Im Idealfall passiert diese positive Verknüpfung bei einem erwünschten Verhalten. Es kann aber auch sein, dass wir ein unerwünschtes Verhalten bestätigen und somit fördern.

1. Beispiel für positive Verknüpfung

Sie möchten mit Ihrem Welpen die Stubenreinheit üben. Gehen Sie mehrmals am Tag mit ihm raus oder wenn Sie merken, dass er mal muss. Erledigt er draußen sein Geschäftchen, loben Sie ihn überschwänglich mit heller Stimme und/oder geben Sie ihm ein Leckerchen sofort wenn er fertig ist.

Er lernt so: Mache ich draußen Pipi, bekomme ich Aufmerksamkeit und darf ein tolles Leckerli fressen.

2. Beispiel für positive Verknüpfung

Sie rufen Ihren Welpen und er kommt sofort zu Ihnen. Loben Sie ihn, empfangen Sie ihn indem Sie sich einladend hinknien und geben Sie ihm, wenn er bei Ihnen ist, ein Leckerchen oder spielen Sie kurz mit ihm und seinem Lieblingsspielzeug. Er lernt so, dass Ihr Rufen und seine sofortige Reaktion darauf immer Spaß macht und er positive Aufmerksamkeit dafür bekommt.

3. Beispiel für positive Verknüpfung. Und in diesem Fall eine ungewollte.

Sie bekommen Besuch oder kehren selbst heim, nachdem Sie kurze Zeit weg waren. Ihr Baby springt, bellend vor Wiedersehensfreude, an Ihnen hoch und möchte gestreichelt und begrüßt werden. Die Versuchung ist groß, ihn nun zu knuddeln, und Sie tun das auch!

Bully lernt nun daraus: Wenn Frauchen heim kommt, bekomme ich Aufmerksamkeit wenn ich laut bellend an ihr hochspringe. Fortan wird er dies sehr wahrscheinlich immer so machen.
Besser ist es in so einer Situation, das Baby komplett zu ignorieren. Springt er an Ihnen hoch, drehen Sie sich demonstrativ von ihm weg. Betreten Sie das Haus, ohne ihm für sein Verhalten Aufmerksamkeit und damit Bestätigung zu geben. Setzt er sich nun ruhig hin, legt sich hin oder steht einfach da und wartet auf eine Reaktion, ist das der richtige Moment, ihm Aufmerksamkeit zu schenken. Hieraus folgt dann die Verknüpfung, dass ruhiges Verhalten bei Heimkehr oder Besuch für ihn Aufmerksamkeit und damit Erfolg bedeutet.

Diese positiven Verknüpfungen von gewünschtem Verhalten sind natürlich ideal. Leider kann es auch zu einer negativen Verknüpfung kommen. Auch dafür Beispiele, damit Sie verstehen, was Sie vermeiden sollten bzw. warum eine bestimmte Reaktion von Ihrem Bully erfolgt. Diese negativen oder auch ungewollten Verknüpfungen können auch, wie im Heimkehrbeispiel schon beschrieben, ganz allein durch Ihre Reaktion entstehen.

1. Beispiel für negative oder ungewollte Verknüpfung
Sie setzen Ihren Welpen ins Auto und knallen die Tür zu. Er erschrickt und hat eventuell fortan Angst ins Auto einzusteigen.
Besser: Sie setzen Ihren Welpen ins Auto, geben ihm vielleicht ein Spielzeug oder ein Leckerli und loben ihn. Schließen Sie die Tür mit nicht zu viel Schwung und nur, wenn Ihr Hund es sieht. So kann er auch das Geräusch zuordnen.

2. Beispiel für negative oder ungewollte Verknüpfung
Ihr Welpe macht sein Geschäftchen im Haus und Sie schimpfen mit ihm. Er könnte daraus schließen, dass es nicht gut ist sein Geschäftchen zu machen und bekommt eventuell Angst davor, sich zu lösen.
Besser: Ignorieren Sie dies. Beseitigen Sie das kleine Missgeschick wortlos. Ihr Welpe hat in jungem Alter noch keine volle Kontrolle über seine Körperfunktionen und kann einfach nicht immer so lange anhalten, bis wir Menschen merken, dass er mal muss.
Beobachten Sie ihn. Läuft er schnüffelnd und suchend über den Boden, ist die Wahrscheinlichkeit groß, dass er den richtigen Platz zum Lösen sucht. Schnappen Sie sich Ihren Bully und gehen Sie raus mit ihm. Erledigt er draußen sein Geschäftchen, folgt das große Lob!

3. Beispiel für negative oder ungewollte Verknüpfung
Beim Spaziergang begegnen Sie einem anderen Hund und machen sich Sorgen um Ihren Welpen. Sie ziehen ihn weg, drehen eventuell mit ihm um oder machen einen großen, sorgenvollen Bogen um den anderen Hund. Ihr Welpe lernt daraus: Frauchen ist immer besorgt und angespannt, wenn wir anderen Hunden begegnen. Andere Hunde sind eine Gefahr!
Besser: Bleiben Sie mit ihrem Welpen ganz selbstverständlich „auf Kurs". Gehen Sie entspannt und locker an dem anderen Hund vorbei, ohne auf ihn zu achten. Sie können zum Beispiel, wenn Sie an dem Hund vorbei gehen, Ihren Welpen ansprechen und ihm sein Spielzeug zeigen und dann kurz mit ihm spielen, wenn Sie ohne Aufregung an dem fremden Hund vorbei sind. Der Bully versteht so, immer wenn ein anderer Hund kommt, ist das positiv weil ich danach sofort spielen kann.

Soweit möglich, gilt immer folgende Grundregel: Schlechtes Verhalten ignorieren und positives Verhalten durch viel Aufmerksamkeit und Lob fördern!
Ist das Ignorieren eines unerwünschten Verhaltens nicht möglich, z.B. wenn er gerade Ihren Berberteppich auseinandernehmen will, dann sollte ein kurzes, scharfes „Pfui!" oder „Aus!" von Ihnen kommen und Sie setzen ihn vom Ort des Geschehens weg. Gehen Sie und holen Sie ihm eines seiner Spielzeuge. Beschäftigt er sich damit, sollte Lob folgen. Und dies sei

Begegnung am Nachmittag: Naomi …

… und Halo …

auch einmal erwähnt, Lob muss nicht immer von großen Fanfaren begleitet sein. Sie müssen nicht laufend für Ihren Zwerg einen Tanz aufführen. Lob ist auch ein kurzes Streicheln oder einfach ein kurzes, liebes Wort. Positive Aufmerksamkeit ist für Ihren Welpen Lob und Bestätigung, und das geht uns doch gerne mehrmals am Tag „locker von der Hand".

Nächste Grundregel: Mein Hund spiegelt meine Stimmung und mein Verhalten!!!
Ihr Hund hat ein untrügliches Gespür für Ihre Stimmung! Seine feinen Antennen merken jede Anspannung, Angst, Aggression. Sie werden sie nicht oder kaum vor ihm verbergen können. Also ist es in aller erster Linie an Ihnen, ihm Ruhe, Vertrauen und Sicherheit durch Ihre innere Einstellung zu vermitteln. Die Haltung eines Hundes erfordert ein großes Maß an Fähigkeit sein eigenes Verhalten zu reflektieren. Hierzu ein Hinweis aus der menschlichen Psychologie: Ihr Gehirn kennt das Wort „Nicht" nicht! Sind Sie mit Ihrem Welpen in einer Situation, die Sie beunruhigt, wird es nicht helfen, wenn Sie sich im Kopfe immer wieder sagen „Ich bin nicht unruhig!". Vor Ihrem inneren Auge entsteht sofort das Bild von Ihrer eigenen Beunruhigung in dieser Situation. Und diese wollen Sie ja grad vermeiden. Sagen Sie sich in solchen Situationen lieber „Ich bin ganz ruhig und gelassen!". Probieren Sie es einmal aus und fühlen Sie den Unterschied. Dies ist übrigens eine Denkweise, die Sie sich für Ihr ganzes Leben merken sollten. Mir hat es sehr geholfen – nicht nur mit meinen Hunden!

Hundesprache
Nicht nur bei Begegnungen mit anderen Hunden, in jeder Situation mit unserem Bully ist es wichtig, dass Sie seine Sprache sprechen. Sie sollten die wichtigsten Signale kennen und verstehen lernen. Ein Hund ist zwar ein Multitalent in der Kommunikation und passt sich, je nach seinen Möglichkeiten, mit der Zeit auch anderen Spezies an. Aber wir haben als Mensch die einmalige Möglichkeit zu lernen und logisch zu denken. Also nutzen wir dies doch mal, um die Hundesprache zu lernen und unseren Hund besser zu verstehen.

Ein großes Missverständnis ist das Wedeln des Hundes. Nun wird dies bei den meisten Bullys aufgrund der häufigen kompletten Schwanzlosigkeit kein Thema sein. Aber da Sie draußen vielen Hunden mit Schwanz begegnen werden, sollten Sie folgendes wissen: Schwanzwedeln bedeutet nur Aufregung! Ob diese positiv oder negativ ist, lässt sich allein am Wedeln nicht beurteilen. Es ist wirklich so! Ein wedelnder Hund zeigt damit nicht immer Freude! Es kann Aufregung vor einem bevorstehenden Angriff sein, es kann Unsicherheit bei einem unbekannten Hund oder Menschen sein, es kann Beschwichtigung gegenüber einem anderen, vielleicht Aggression signalisierenden Hund sein, es kann eine Spielaufforderung sein oder eben auch Freude jemanden zu sehen. Hierzu ist es von größter Bedeutung, auf die Körperspannung des Hundes zu achten, und vor allem auf die weiteren Signale, die er mit Ohren, Gesicht, Fell und Maul gibt.

Auch die schönste Tollerei hat einmal ein Ende: Kleiner Gizmo und großer Lenny ...

Zeichen für Aggression

- Knurren, Zähne blecken
- Hochgezogene Lefzen
- Aufgestelltes Nackenfell
- Rute ist senkrecht hochgestellt, evtl. Wedeln

Zeichen für Dominanz

- Ablegen des Kopfes auf dem Rücken eines anderen Hundes. Die Rute ist aufgestellt.
- Ablegen der Pfote auf einem anderen Hund
- „Biss" von oben über die Schnauze des anderen
- „Besteigen" anderer Hunde
- Gerader Gang, aufgestellte Rute und gerade nach vorn aufgestellte Ohren.

Zeichen für Beschwichtung

- Kopf abwenden, zur Seite drehen
- Körper abwenden oder Erstarren

  Dies ist eines der am häufigsten fehlinterpretierten Beschwichtigungssignale. Mitunter rufen wir unseren Hund zu uns und er hört nicht sofort, weil er abgelenkt ist. Reagieren wir nun wütend und rufen ihn mit aggressiver Stimme und Körperhaltung, kann das Erstarren des Hundes die beschwichtigende Reaktion hierauf sein. Häufig wird dies als Sturheit missverstanden. Überprüfen Sie das doch mal. Schließen Sie in einer solchen Situation kurz die Augen und atmen Sie tief durch. Dann rufen Sie Ihren Hund mit freundlicher, einladender Stimme und gehen in die Hocke. In aller Regel wird er seine Erstarrung sofort lösen und freudig zu Ihnen gelaufen kommen.
- Der Hund legt sich hin oder setzt sich. Z.B. könnte er sich setzen und kratzen. Hier gilt dasselbe wie vorher beschrieben. Reagiert der Hund so auf Ihr Rufen, überprüfen Sie dies mit einer positiveren Einladung.
- Am Boden schnüffeln oder langsam gehen

  Auch dies kann ein Beschwichtigungssignal sein. Hier gilt es wieder die Situation zu überprüfen.
- Gesenkter Oberkörper: nicht immer eine Aufforderung zum Spiel. Kann auch das Signal sein, keine Gefahr zu bedeuten.
- Nase lecken, Schmatzen, Schlucken
- Blinzeln, Wegsehen
- Schwanzwedeln
- Einziehen der Rute
- „Hochgezogene" Schultern
- Seitlich gedrehte oder nach hinten gelegte Ohren
- Gähnen
- Einen Bogen gehen
- Eine Pfote heben
- Stupsen mit der Schnauze oder Lecken an den Lefzen anderer Hunde
- Sich dazwischen schieben.

  Werden Sie von einem anderen, unbekannten Hund angesprungen, wird Ihr Hund vielleicht reagieren, indem er sich zwischen Sie und den Hund schiebt. Wir Menschen interpretieren das nur zu gern als Eifersucht. Unser Hund liebt uns so sehr, dass er uns ganz für sich alleine haben möchte. Diese Illusion muss ich Ihnen leider rauben. Er glaubt einen potenziellen Konflikt zu erkennen und versucht nur diesen körperlich zu trennen.

Bullyschule

Ich empfehle Ihnen wirklich eine Welpenspielgruppe und später eine Hundeschule zu besuchen. Dort kann individuell auf Ihre und die Bedürfnisse Ihres Bullys eingegangen werden. Deswegen gibt es die Erziehung betreffend an dieser Stelle auch nur einige wenige, allgemeingültige Tipps für die erste Zeit.

Kommandos

Sie sollten sich eindeutige, kurze Kommandos aussuchen, die Sie auch konsequent beibehalten. Schnell sind wir versucht (oder bin das nur ich?), mit unserem manchmal so menschlich und verständig erscheinenden Bully in ganzen Sätzen zu reden „Kannst Du das jetzt bitte mal lassen?!" „Jetzt komm doch endlich her!" Leider versteht der Bully so nur Bahnhof und schaltet schnell auf Durchzug. Genauso wie bei Kommandos, die zu häufig hintereinander wiederholt werden. Maximal zweimal sollte ein Kommando ausgesprochen werden. Danach lassen Sie es lieber, wenden sich etwas anderem zu und versuchen es in ein paar Minuten erneut. Ich wähle englische Kommandos, weil die sich in Wortlaut und Silben besser unterscheiden als unsere deutschen, und außerdem hört Bully diese Kommandos nicht täglich in Unterhaltungen und weiß so, wenn er sie dann von mir hört, dass jetzt gerade er angesprochen ist.

Hier einige Beispiele für die wichtigsten Kommandos:

- Bully soll zu Ihnen kommen: Komm! Hier! Klingt im Englischen genauso: Here!
- Bully soll sich setzen: Sitz! Sit!
- Bully soll sich hinlegen: Platz! Down!
- Bully soll etwas unterlassen oder nicht anrühren: Aus! Pfui! Oder ein gedehntes Leave it!
- Bully soll an seinen Platz: Decke! Körbchen! Place! Your place! On your place!
- Bully soll etwas abgeben, was er im Maul hat: Gib! Aus! Drop it!
- Bully soll an dem Platz, an dem er grad ist, bleiben: Bleib! Stay!
- Bully soll warten: Warte! Wait!
- Bully soll stehen bleiben: Stop!
- Bully soll aufhören zu bellen: Aus! Pfui! Quiet! Sch!

Überlegen Sie sich schon vor dem Einzug, was Sie sich von Ihrem Bully wünschen (Darf er bellen, wenn es an der Tür klingelt? Können Sie es dulden, wenn er bettelnd neben Ihnen in der Küche steht? Darf er Ihnen im Haus überall hin folgen?), wo er liegen und schlafen darf (Darf er auf das Sofa? Darf er sein Leben lang ins Bett?), und so schwer es bei so manchem Blick mit diesen süßen Babybully-Kulleraugen auch sein mag, halten Sie selbst Ihre Regeln konsequent ein. Die Menschen reden immer davon, dass ein Hund Struktur und Regeln benötigt und missverstehen dies mit einer ganzen Reihe von Verboten, die wir ihm geben. Sicherlich habe ich auch gerade nur die Verbote als Beispiel genannt. Aber Struktur bekommt Ihr Hund in sein Leben, indem wir verlässlich und berechenbar für ihn sind. Wenn er nun also mal ins Bett darf und mal nicht, wird ihn das verunsichern. „Struktur" verfehlt! Verlässliche Essenszeiten, verlässliche Gassizeiten, verlässliche Spiel- und Kuschelzeiten, verlässliche Regeln mit dem entsprechenden Lob für gewünschtes Verhalten. Das gibt Ihrem Bully die benötigte Struktur. Das macht Sie für Ihren Hund verlässlich und vertrauenswürdig, und er wird daraus eine große Sicherheit ziehen.

Wenn Sie mit Ihrem Baby dann trainieren wollen, gestehen Sie ihm zu, dass auch er mal einen schlechten Tag hat. Er muss nicht funktionieren wie ein kleines Uhrwerk, und manchmal ist ein Tag einfach besser geeignet zum Schmusen oder ausgelassen zu spielen. Dann wird das Training ganz einfach verschoben. Es macht keinen Sinn, immer wieder von ihm im

„Oh ja, das ist der wundervolle Navarrh, Isabeaus Erstgeborener, der jetzt Henry heißt ...“

Training eine Reaktion zu fordern, wenn der kleine Bullykopf an diesem Tag dazu einfach nicht in der Lage ist, weil er sehr müde ist, weil wir schon viel zu lange Konzentration fordern, weil der Zwerg heute noch nicht ausreichend Auslauf hatte oder er vielleicht ein wenig Bauchweh hat. Hier würde aus dem Training nur Frustration auf beiden Seiten folgen, weil einfach nichts klappt. Ersparen wir das doch dann einfach uns und dem Wauz. Auch im Hundetraining darf man mal Fünfe gerade sein lassen.

Wenn es grad einfach nicht klappt, unterstellen Sie Ihrem Zwerg bitte nie, dass er sie ärgern, herausfordern oder gar dominieren möchte. Auch Hunde haben ihre eigenen Bedürfnisse, und wenn wir den falschen Zeitpunkt für ein Training wählen, wird es nicht klappen. Und einige Lernübungen sind schwierig für den Bully und er wird länger benötigen um sie zu verstehen. Nichts klappt auf Anhieb, und die Arbeit mit einem Hund erfordert immer viel Geduld und Einfühlungsvermögen. Also rechnen Sie gerade bei schwierigen Prozessen (die Impulskontrolle ist so einer) mit einer längeren Übungszeit. Mal wird es klappen und mal nicht, und irgendwann klappt es dann zuverlässig. Kleine Rückschritte sind vollkommen normal und bedeuten nicht, dass Sie oder der Bully versagt haben. Das ist eine ganz natürliche Entwicklung.

Werden Sie nie ungeduldig oder aggressiv. Schreien oder gar Schläge sind keine akzeptable Erziehungsmethode und werden Ihren Wauz nur verängstigen und verunsichern. Es zerstört das Vertrauen in Sie, und nichts tut so weh, wie Angst und Misstrauen uns gegenüber im Blick unseres kleinen Clowns zu entdecken!

Eingewöhnung im neuen Zuhause

Haben Sie Ihren kleinen Bully nun mit nach Hause genommen, sollte er sich erst einmal in Ruhe umsehen können. Gönnen Sie ihm zwei ruhige Tage, ohne sofortige Besuche von Freunden und Familie. Bestimmt brennen alle darauf, den Kleinen kennen zu lernen. Aber es wäre zu viel Aufregung, wenn dies gleich am ersten Tag passiert. Der Zwerg ist durch die neue Umgebung schon aufgeregt genug und muss nun erst einmal ankommen. Wenn er sich umgesehen hat, zeigen Sie ihm den Platz, an dem sein Futter- und Wassernapf stehen und zeigen Sie ihm seinen Schlafplatz. Spielen und schmusen Sie mit ihm und machen Sie die ersten kleinen Spaziergänge in der nahen Umgebung Ihres Hauses oder im Garten. Und dann, ab dem dritten Tag, können Sie loslegen mit den vielen Begrüßungsbesuchen, Ausflügen in die Umgebung und allem was Bully kennen lernen soll. Aber denken Sie immer daran, dass Sie hier noch ein Baby haben, welches sehr viel Schlaf benötigt, um zu wachsen und vor allem Erlebtes zu verarbeiten.

„Sitz" und „Platz"

„Sitz" und „Platz" gehören zu den Grundkommandos, die jeder Hund kennen sollte, und sie sind dem Welpen wirklich sehr einfach beizubringen. Sie müssen Ihren Zwerg nur beobachten, und sobald er sich hinsetzt sagen Sie „Sitz". Legt er sich hin, sagen Sie „Platz". Alles in einem ruhigen und freundlichen Ton. Er wird seine Handlung schnell mit diesen Befehlen verbinden lernen. Das mit dem „Platz" klappt meist nicht so gut. Sich hinzulegen ist für einen Welpen, der doch so viel erleben und lernen möchte, wirklich schwierig. Nehmen Sie ein Leckerchen in die Hand, zeigen Sie es Ihrem Bully kurz und dann schließen Sie die Faust und legen sie vor ihm auf den Boden. Er wird nun versuchen an das Leckerchen zu kommen und an Ihrer Hand lecken und kratzen. Irgendwann wird er sich vor Ihrer Faust hinlegen. In diesem Moment sagen Sie „Platz" und geben ihm das Leckerchen.

Abrufen

Zu Ihnen zu kommen, sollte für den Bully immer positiv und mit Spaß verbunden sein. Machen Sie für ihn, gerade in den ersten Wochen, gerne mal ein kleines „Tänzchen", damit er freudig zu Ihnen kommt. Er wird grad in den ersten Tagen immer mal Ihre Nähe suchen, und wenn Sie sehen, dass er sich zu Ihnen auf den Weg macht, sagen Sie in einem einladenden, freundlichen Ton „Hiiier", und ist er bei Ihnen angekommen, wird er gelobt, geknuddelt und bepuschelt. Es soll ihm richtig gefallen, dass er grad zu Ihnen gekommen ist. Ab und an können Sie ihn auch mit einem Leckerchen belohnen oder aber lieber mit einem seiner liebsten Spielzeuge eine Runde spielen. Sehr schnell wird er auf Ihr „Hiiier" reagieren und zu Ihnen kommen, weil dann ja immer was Tolles passiert. Besorgen Sie sich eine lange Schleppleine und beginnen Sie, wenn er im Haus zuverlässig auf Sie reagiert und zu Ihnen kommt, mit dieser Übung draußen. Am besten erst einmal in Ihrem Garten, so dass es nur wenig Ablenkung für Ihren Bully gibt, und dann können Sie den Schwierigkeitsgrad, also die Möglichkeit abgelenkt zu werden, langsam mit den Tagen steigern. Wenn Ihr Bully dann zuverlässig an der Schleppleine auf Ihre Einladung reagiert und zu Ihnen kommt, können Sie auch auf einer abgesicherten Hundewiese die ersten Male ganz ohne Leine üben. Und auch, wenn Bully mal wegläuft und stöbern geht, wenn Sie ihn dann zu sich rufen und er verzögert reagiert, schimpfen Sie niemals mit ihm. In diesem Moment würden Sie ihn dafür bestrafen, dass er zu Ihnen kommt. Er ist nicht in der Lage, dies mit seinem vorherigen Verhalten zu verbinden. Also atmen Sie tief durch und begrüßen Sie Ihren kleinen Ausreißer freudig!

An der Leine laufen lernen

Hoffentlich hat Ihr Züchter Ihren kleinen Bully schon einmal an ein Halsband oder ein Geschirr gewöhnt. Ansonsten legen Sie ihm, möglichst ohne viel Aufregung, Halsband oder Geschirr an und spielen Sie erst einmal mit ihm im Haus, während er es trägt. Trägt er es zum ersten Mal, werden Sie sehen, wie Ihr Wauz von den gefürchteten Halsbandflöhen befallen wird. Ständig wird er sich kratzen … im Liegen, im Sitzen und auch beim Laufen, was ein recht lustiges, hopsendes Dreibein-Gangbild zur Folge hat. Aber schnell hat er sich an das Tragen gewöhnt und die imaginären Flöhe sind verschwunden. Legen Sie ihm dann kurz die Leine an und üben Sie mit ihm an der Leine zu laufen. In aller Regel haben Sie erst einmal einen kleinen Brummkreisel am anderen Ende, und weit werden Sie auch nicht kommen. Aber ziehen Sie ihn nicht einfach hinterher. Laden Sie ihn freundlich ein mitzukommen und gehen Sie die ersten zwei oder drei Schritte an der Leine. Kommt er mit, wird er gelobt. Und so arbeiten Sie sich ruhig voran. Zieht Ihr Bully an der Leine, bleiben Sie ruhig stehen. Lockert sich die Leine, loben Sie ihn und gehen Sie weiter. So wird er auch schnell begreifen, dass sich das Ziehen an der Leine nicht lohnt, weil es dann nicht weitergeht.
Die Länge der Spaziergänge steigern Sie dann mit Ihrem Baby nur langsam. Als Faustregel gilt: 5 Minuten Spaziergang pro Lebensmonat. Mit einem 3-monatigen Bully laufen sie also nur maximal 15 Minuten am Stück.

Alleinsein lernen

Alleine zu sein, ohne den vermeintlichen Schutz seiner Vertrauensperson, ist für einen Welpen widernatürlich. Tief in seinen Genen verwurzelt liegt die Angst vor Feinden, wenn er allein gelassen wird. Denn der Welpe ist weder kräftig genug, sich gegen Feinde zu wehren, noch wird er schnell genug sein, ihnen zu entkommen. Und so bedeutet es für jeden Babyhund eine große potentielle Gefahr und damit einen immensen emotionalen Stress, wenn er alleine bleiben muss. Er wird jaulen und eventuell bellen, und so Kontakt zu seinem Rudel, seiner Mutter oder Ihnen suchen. Das ist ein vollkommen natürliches Verhalten.
Fordern Sie von Ihrem neu eingezogenen Welpen also bitte niemals, dass er das Alleinsein aushalten soll. Er wird es nicht können. Hinzu kommt die Tatsache, dass wir hier gerade von einem Bully reden, dem es einfach generell sehr widerstrebt ohne Sie zu sein. Das gilt lebenslang.

Aber etwa ab dem 6. Lebensmonat ist die kleine Hundeseele reif und stabil genug, um mit dem Alleinsein zurecht zu kommen. Der eine kann das früher, der andere braucht noch ein paar Wochen länger. Sie sehen, wenn Sie sich einen kleinen Bullywelpen ins Haus holen, sollten Sie so viel Zeit wie möglich für ihn zu Hause einplanen. Und es ist kein Problem und wird Ihre Erziehungsbemühungen nicht negativ beeinflussen, wenn er die ersten Wochen rund um die Uhr bei Ihnen ist.

Meiner Meinung nach ist es genau das Gegenteil. Sie sorgen so für großes Vertrauen und eine gute Bindung als Basis für das spätere Alleinsein üben.
Im Alter von 4 bis 5 Monaten können Sie mit ihm anfangen, das Alleinsein zu üben. Beginnen Sie zuerst mit kleinen Übungen, indem Sie für maximal 5 Minuten das Zimmer verlassen und die Tür hinter sich schließen. Gehen Sie ganz ruhig und selbstverständlich hinaus und genauso ruhig und selbstverständlich, ohne Ihren Bully anzusehen oder zu begrüßen, kommen Sie wieder herein. Er wird durch die Häufigkeit dieser kleinen Übungen lernen, dass es vollkommen selbstverständlich und in Ordnung ist, wenn Sie mal den Raum verlassen. Sie kommen ja immer wieder zurück.
Hält er diese Zeiten allein im Zimmer gut aus, können Sie die Übungen ausweiten und z.B. bei geöffnetem Fenster (damit Sie eventuelle Heulkonzerte mitbekommen) das Haus verlassen. Bleiben Sie ganz ruhig für 5 Minuten draußen und gehen Sie nur wieder ins Haus, wenn Ihr Hund ruhig war. Und auch hier, ohne großes Aufheben um Ihre Rückkehr zu machen. Keine Begrüßung, kein Lob. Alles ist ganz normal und braucht keine große Bühne. Sie werden die Zeitspannen des Verlassens relativ schnell erhöhen können, und nach wenigen Wochen wird Ihr Bully bereits in der Lage sein, für 2 oder gar 3 Stunden, z.B. während des Einkaufs, allein zu bleiben.
Sie erleichtern ihm das Alleinsein, wenn Sie ihm vor dem Rausgehen ein Spielzeug geben, mit dem er sich gerne beschäftigt. So reduzieren Sie auch die Gefahr, dass Bully seinen einsamen Frust an Ihren Möbeln auslässt.

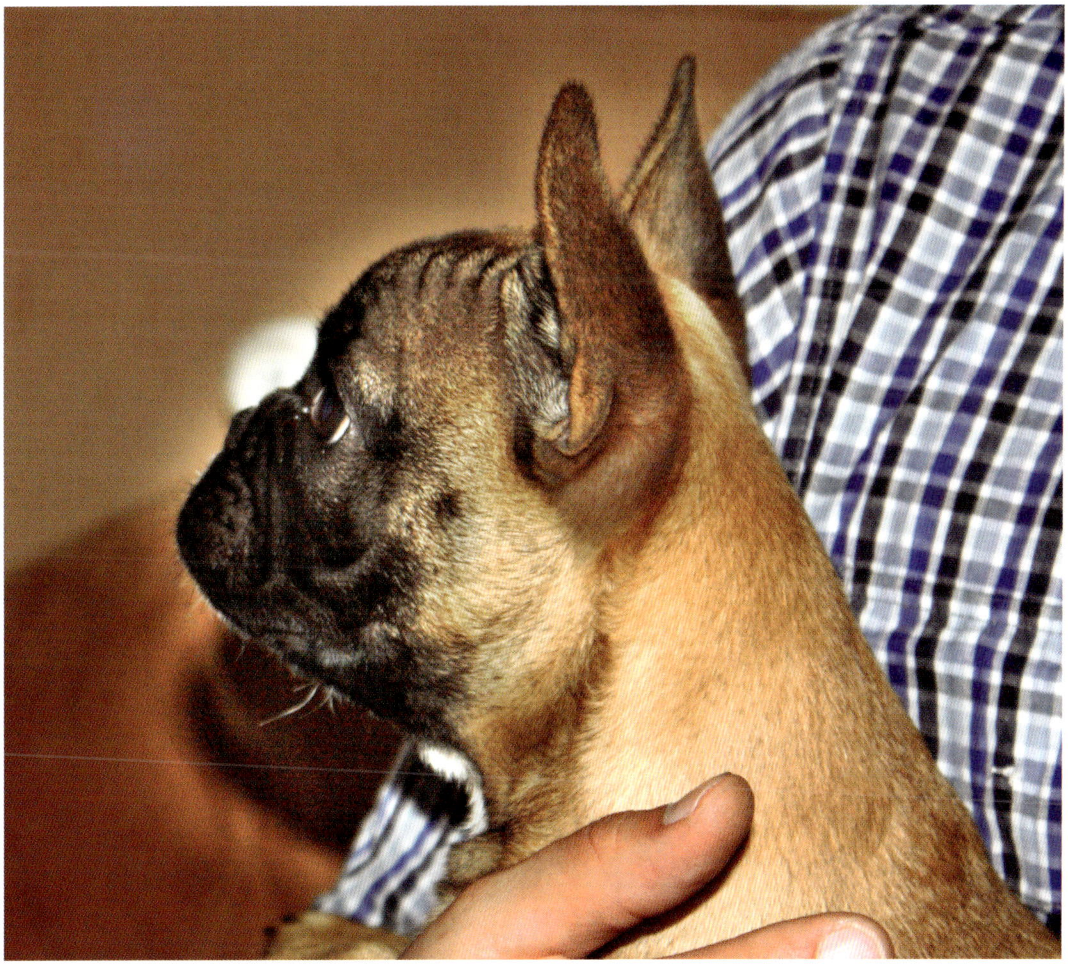

Begegnungen mit anderen Hunden

Kennen Sie diesen Satz: „Keine Angst, der Hund hat noch Welpenschutz!"?

Alle werden ihn schon mal gehört haben, und er war in den meisten Fällen schlichtweg Unsinn. Einen Welpenschutz gibt es in der Tat ausschließlich im eigenen Rudel! Für fremde Hunde ist Ihr Welpe einfach ein anderer Hund und ihm ist gleich, welches Alter er hat. Mit etwas Glück begegnen wir einfach sehr gut sozialisierten Tieren, die mit Feingefühl mit einem kleineren Hund umgehen. Aber einen Welpenschutz, der generell für ein Hundebaby gilt, gibt es nicht. Also bleiben Sie bei Begegnungen mit fremden Hunden entspannt, aber wachsam.

Sie sollten jedoch niemals Ihren Welpen angsterfüllt hoch nehmen oder ihn panisch zu sich rufen, nur weil sich ein anderer Hund nähert. Ihr Welpe wird daraus nur lernen, dass andere Hunde eine Gefahr bedeuten. Beobachten Sie die Körpersprache des anderen Hundes und lassen Sie die beiden sich begrüßen und beschnuppern, wenn der andere sich aufgeschlossen nähert. Gehen Sie spazieren und haben Ihren Lütten an der Leine, machen Sie keinen Bogen um den sich nähernden Hund oder gehen gar weg …, es sei denn, Sie wollten die andere Richtung eh einschlagen. Locken Sie die Aufmerksamkeit Ihres Welpen auf sich, indem Sie ihn mit leiser ruhiger Stimme ansprechen, und wenn Sie ganz ruhig an dem anderen Hund vorüber gegangen sind, loben Sie Ihren Welpen kurz dafür.

Tierarztvorbereitung

Es ist immer gut, den Wauz auf eventuelle Tierarztbesuche vorzubereiten. Wenn Sie mit ihm kuscheln, gucken Sie immer mal in seine Öhrchen, sehen Sie sich seine Zähne an und öffnen Sie sein Maul, sehen Sie zwischen seine Zehen und tasten Sie sein Bäuchlein ab. Wenn er sich dies von Ihnen gut gefallen lässt, bitten Sie Familienmitglieder und Freunde dies auch zu tun. Bald schon wird es für den Zwerg gar nichts Besonderes mehr sein, wenn mal jemand sein Mäulchen inspiziert, und Sie können dann stolz darauf sein, wie lieb sich Ihr Süßer von seinem Tierarzt untersuchen lässt.

Bully-Spa

Ein Bully ist tatsächlich pflegeleicht. Sein kurzes Fell, ohne dicke flauschige Unterwolle, lässt sich hervorragend sauber halten und benötigt nicht viel Aufwand. Hat er draußen ein Schlammbad genommen, trocknet dies mit Glück auf dem Weg nach Hause und kann einfach mit einem Handtuch oder einer weichen dichten Bürste abgebürstet werden. Ich bin kein Freund von häufigem Baden, weil ich denke, dass dies der Hundenatur nicht entspricht. Zumindest wenn es sich um ein Wannenschaumbad handelt. Schlammbäder, ausgiebige Runden in stinkenden Tümpeln, Wanderungen durch flache Bachläufe sind hingegegen fast schon ein Grundbedürfnis. Die meisten Hunde mögen Wasser und toben gern darin herum. Lassen Sie ihm diesen Spaß, wenn es draußen nicht gerade tiefster Winter ist, und legen Sie sich lieber immer ein Handtuch zurecht. Entweder vor der Haustür oder im Kofferraum Ihres Autos. Eine Hundedecke im Auto, die schmutzig und nass werden darf, macht den Badespaß vom Wauz für uns Menschen noch einmal entspannter.

Kontrollieren Sie immer mal die Ohren vom Bully. Seine süßen großen Fledermausohren sind leider hervorragende Wind- und Dreckfänger, und die müssen immer mal wieder gereinigt werden. Ich nehme dafür immer die guten alten Ölbabypflegetücher und Wattestäbchen. Gehen Sie nicht zu weit in den Gehörgang, sondern reinigen Sie vorsichtig nur an den Stellen, die Sie sehen können.

Auch die Augenfalte unserer Bullys benötigt ein wenig Aufmerksamkeit. Häufig sammelt sich hier das Tränensekret. Helle Bullys bekommen hier oft ein bräunlich verfärbtes Fell. Es reicht aber, wenn sie einmal am Tag mit einem lauwarmen Lappen die Augenfalte sanft reinigen und sie danach mit einem weichen, trockenen Tuch trocknen. Und damit ist auch alles Notwendige getan. Hier ist unser Bully in aller Regel wirklich herrlich einfach und genügsam.

„Mal sehen, was man heute so alles anstellen

ann“, überlegt der kleine Gizmo ...

Die Bully-Ernährung

Atmen Sie tief durch … neben Ihrem Bully … nachdem er gegessen hat … wenn er verdaut … Ja, Bullys pupsen! Und sie tun es fast alle! Und manchmal ist es schon faszinierend, was aus so einem kleinen Körper an unsichtbarer Präsenz herauskommen kann. Aber mit dem richtigen Futter können wir das auf ein verträgliches Maß beschränken. Leider kann ich Ihnen kein für alle Bullys geltendes Patentrezept anbieten. Aber eines ist ganz wichtig: Experimentieren Sie nicht zu viel mit verschiedenen Fertigfuttersorten herum. Meine Erfahrung zeigt, dass zu viele Experimente leider oft eine Allergieneigung fördern. Wir haben bisher einen einzigen Bully mit Allergie in unseren Nachzuchten, und hier wurde nahezu jedes am Markt erhältliche Futter im ersten Lebensjahr ausprobiert.
Welches Futter ist nun gut für unseren Bully?
Grundlegend gibt es, denke ich, drei wesentliche Fütterungsmöglichkeiten: Dosenfutter, Trockenfutter und das sogenannte BARF (Biologisch Artgerechte RohFütterung).
Dosenfutter und Trockenfutter hat in der Regel diverse industrielle Prozesse hinter sich und ist alles andere als natürlich. Aber damit ist es noch lange nicht schlecht. Hier gilt es, die Spreu vom Weizen zu trennen und sich dann für ein Futter zu entscheiden, welches dem Wauz hoffentlich schmeckt und welches er verträgt.

Fleischanteil

Der Fleischanteil im Hundefutter sollte möglichst aus „echtem" Fleisch bestehen. Damit meine ich, dass Sie darauf achten sollten, dass es sich nicht um Fleischmehle oder gar nur Tiermehle handelt. Ein Tiermehl ist z.B. das Geflügelmehl. Und hierbei handelt es sich um industriell aufgearbeiteten und gemahlenen Ausschuss der Lebensmittelproduktion. Also alles, was nicht mal annähernd für den Verzehr geeignet ist, wie Federn, Schnäbel, Krallen usw. Ein Geflügelfleischmehl hingegen enthält den Ausschuss an fleischlichem Anteil, der nicht in die Lebensmittelproduktion geht, wie Sehnen, Knochen, Fleischreste, aber auch hier Federn und ähnliches. Alles in allem halte ich diese Mehle nicht für artgerechte Fütterung. Denn sie sind soweit industriell bearbeitet, dass sie kaum noch als Nahrungsmittel für Tiere zu bezeichnen sind und Zusätze von Mineralien und Vitaminen sind notwendig. Also lesen Sie genau, was auf der Verpackung als Zutat steht, und das sollte z.B. Geflügelfleisch, Rindfleisch oder Innereien heißen.

Getreide im Hundefutter?

Gegen geringe Mengen Getreide im Hundefutter ist nicht generell etwas einzuwenden. Allerdings gilt auch hier Vorsicht. Steht das Getreide an erster Stelle, bezeichne ich das Futter schon nicht mehr als artgerecht. Vergleiche mit Wölfen sind ja immer wieder gerne genommen. Und ein Wolf erbeutet mal einen Hasen, mal eine Maus, mal ein Reh und frisst dieses oft inklusive Mageninhalt, was ja dann über Gräser und Getreide alles enthalten kann. Fängt der Wolf keine Beute, greift er auch zu Gräsern, Beeren, Käfern und sogar Kot anderer Tiere. Er ist also in der Lage die vielfältigsten Dinge zu verdauen. Getreide jedoch, frisst er nicht vom Feld, sondern nimmt es durch Mäusemägen mit auf. Es ist also schon mal vorverdaut und Enzyme haben es aufgespaltet. Und es ist eine Tatsache, dass sich nach all den Jahren Domestikation und Zucht der verschiedensten Erscheinungsformen unserer Hunde, das Verdauungssystem in keiner Weise geändert hat. Was die Verdauung angeht, sind unsere Bullys in der Tat Wölfe. So bedarf auch das Getreide im Futter einer gewissen Verarbeitung und Aufbereitung, damit es für den Hund verdaulich ist. Also wieder einige Veränderungsschritte der Futterzutat und einige notwendige Zusätze mehr im Futter. Bei der Frage, ob Getreide Ja oder Nein, möchte ich auch noch einmal das Gluten erwähnen. Bekannt ist ja, dass es auch bei uns Menschen viele gibt, die auf Gluten allergisch reagieren, und Gluten auch Allergien provozieren kann. Für mich ein Argument, keine glutenhaltigen Zusätze, wie Weizen oder Weizenprotein, im Hundefutter haben zu wollen. Ich entscheide mich beim Futter immer gegen ein getreidehaltiges Futter und wähle lieber die mit Kartoffel, Pastinake, Reis, Mais, Hirse, Buchweizen oder auch Armaranth und Quinoa. Und diese Zutaten lese ich am liebsten erst nach dem Fleisch in der Zutatenliste.

Obst und Gemüse

Jeder Hund benötigt auch ein wenig Obst und Gemüse im Futter. Unser Freund Wolf frisst diese ja auch. Im industriellen Fertigfutter ist dies schon so enthalten, dass der Hund es gut verwerten kann. Geben Sie es gesondert zum gewohnten Futter hinzu, sollten Obst und Gemüse immer püriert werden, damit der Hundeorganismus sich das Bestmögliche herausziehen kann.

BARF (Biologisch Artgerechte RohFütterung)

Seit einigen Jahren ist das BARFen ein großes Thema in der Haustierernährung und es hat durchaus sehr viele Vorzüge. Und ja, es ist der natürlichen Ernährung am ähnlichsten. Hier wird ausschließlich rohes Fleisch, rohe Innereien, Knochen, Kräuter, Obst und Gemüse zusammen mit Ölen und auch einigen zwar industriell verarbeiteten aber doch rein natürlichen Zusätzen gefüttert. Ist man nicht gerade voll berufstätig und hat ein gutes Gespür für das Wohlbefinden und den Gesundheitszustand des Hundes, und liebt man es, sich ausgiebig und mit viel Einsatz in seine Ernährungsbedürfnisse einzulesen und ihm entsprechend seines derzeitigen Entwicklungsstandes und Gesundheitszustandes ein passendes Mahl zu bereiten, ist dies eine großartige und sehr gesunde Ernährungsform. Sind Sie voll berufstätig, möchte ich Ihnen davon abraten. Und vor allem bin ich nicht dafür, einen Welpen zu BARFen. Das richtige Verhältnis von Phosphor und Kalzium ist ausschlaggebend für eine gesunde Entwicklung. Und werden hier Fehler gemacht, kann es zu den verschiedensten Entwicklungsstörungen kommen. Auch die HD (Hüftdysplasie) kann z.B. dadurch entstehen, das falsch geBARFt wird und eine Mangelernährung besteht. Überlegen Sie sich also, wie viel Zeit Sie realistisch investieren können und entscheiden Sie sich dann für das beste Futter. Möchten Sie BARFen, tun Sie das bitte erst ab dem 12. Lebensmonat und kaufen Sie sich gute Bücher, damit Sie selbst zum BARF-Spezialisten werden.

Wenn Sie von Ihrem Züchter bereits wissen, welches Futter Ihr Welpe dort bekommen hat, empfehle ich, ihm dieses das erste Lebensjahr weiter zu geben. Ein gutes Futter ist für Ihren Hund gut verträglich, er hat keine Durchfälle oder Verstopfungen, er frisst es gerne und die „Abgaswerte" bleiben auf einem niedrigen Niveau. Er sollte auch nicht zu schnell in die Höhe schießen. Das richtige Futter lässt Ihren Bully innerhalb des ersten Jahres auf seine erwachsene Höhe wachsen und dann kommt langsam die Bullybreite hinzu. Ein langsames Wachstum ist klar vorzuziehen. Auch wenn er in dieser Zeit immer mal einen größeren Entwicklungsschub durchmacht. Es kann übrigens sein, dass Ihr Bully im Wachstum mal eine Phase hat, in der ihm die Kniescheibe ab und an aus der Fuge springt. Das ist kein Anlass zur Sorge. Fassen Sie dann seinen Hinterlauf zwischen die flachen Hände und streichen Sie das Bein nach hinten aus. Das lässt die Kniescheibe wieder in ihre Position gleiten. Im Wachstum wächst nicht alles gleich schnell, und so gibt es Zeiten, wo Bänder und Sehnen ein wenig locker erscheinen. Dann kann das passieren. Hält dieser Zustand jedoch länger als 4 Wochen an, gehen Sie bitte mit ihrem Hund zum Arzt. Es kann sein, dass er dann an so genannter Patella Luxation (Verrutschen der Kniescheibe) leidet, die vielleicht einer Behandlung bedarf. Ein Tipp: Geben Sie ihm 2 - 3 x in der Woche, gerade in der Phase zwischen dem 4. und 8. Lebensmonat, etwas Grünlippmuschelfleischpulver ins Futter (wir wählen Luposan). Das hilft Knochen, Bindegewebe, Knorpeln und Sehnen sich gut zu entwickeln.
Stellen Sie ihn dann später auf ein neues Futter um, machen Sie dies sanft. Das verhindert Verdauungsprobleme während der Umstellung. Ich empfehle folgendes Schema zur Umstellung:
Tag 1 bis 3: 75% vom gewohnten Futter und 25% vom neuen Futter
Tag 4 bis 6: jeweils 50% vom alten und neuen Futter
Tag 7 bis 9: 25% vom alten Futter und 75% vom neuen Futter.
Ab Tag 10 kann er dann ausschließlich das neue Futter bekommen.

Giftige Lebensmittel

Alkohol	Dass man Hunden keinen Alkohol geben soll, müsste eigentlich nicht erwähnt werden. Dennoch halte ich es für wichtig, dass Sie wissen, wie gefährlich Alkohol für Hunde ist. Bereits eine kleine Menge kann zu Erbrechen, Koordinationsproblemen, Atemnot, Koma und Tod führen.
Avocado	In der Avocado ist ein Gift namens „Persin" enthalten, welches bei Tieren auf das Herz wirkt. Fruchtfleisch und Kern sind giftig und können sogar zum Tod führen.
Hülsenfrüchte	wie z.B. Erbsen oder Bohnen Nicht wirklich giftig im herkömmlichen Sinne sind Hülsenfrüchte. Aber sie haben eine durchaus unangenehme Wirkung für den Hund. Der hohe Eiweiß- und Fasergehalt sorgt für eine gehörige Überaktivität der Darmbakterien und hat oft genug schmerzhafte Blähungen zur Folge. Also lieber weglassen.
Kakao/Schokolade	Theobromin, welches in Kakaobohnen und damit in Schokolade enthalten ist, wirkt beim Menschen aufputschend. Der Mensch baut diesen Stoff jedoch schneller ab als der Hund, und beim Hund kann es zu schweren Vergiftungserscheinungen kommen, die durchaus tödlich enden können. Die Vergiftungssymptome beginnen mit Erbrechen und Durchfall, dann kommt es zu zentralnervösen Störungen und im schlimmsten Fall zum Herzstillstand. 100 mg Theobromin pro Kg Körpergewicht des Hundes sind eine tödliche Dosis. Eine Tafel Vollmilchschokolade kann für einen kleinen Hund tödlich sein, so wie eine Tafel Zartbitter für einen Labrador. So gut sie uns auch schmeckt, und so gern Bully davon ein Stückchen hätte, verzichten Sie darauf, Ihrem Hund ein Stückchen Schokolade abzugeben.
Knoblauch	Schädlich sind bereits 4g Knoblauch pro Kg Körpergewicht des Hundes. Das in Knoblauch enthaltende N-Propyldisulfid zerstört die roten Blutkörperchen und kann zu einer lebensbedrohlichen Blutarmut führen.
Nikotin	Nikotin? O.k., Sie werden Ihrem Bully wahrscheinlich keine Zigarette anbieten. Aber die Raucher unter uns sollten daran denken, Ihre Zigaretten immer ausserhalb der Reichweite der Hunde aufzubewahren. Bullys Zerstörungslaune kann auch mal an einer merkwürdig riechenden Zigarette ausgelassen werden, und frisst er den darin enthaltenen Tabak, kommt es zum Erbrechen, Muskelzittern, verstärktem Speicheln, erhöhter Atem- und Herzfrequenz und im schlimmsten Falle zum Kreislaufkollaps.
Nüsse	Neben dem hohen Fettgehalt macht vor allem der hohe Phosphorgehalt Nüsse zu einem für Hunde ungeeignetem Lebensmittel. Der zu hohe Phosphorgehalt kann Blasensteine begünstigen und auch Störungen im Knochenstoffwechsel hervorrufen.
Schweinefleisch	Über das Schweinefleisch erzähle ich Ihnen noch einmal mehr im Teil über die Krankheiten. Trotzdem soll hier auch einmal die Gefahr des Aujetzki-Virus erwähnt werden. Verfüttern Sie bitte niemals rohes Schweinefleisch. Wenn der Hund etwas vom Schwein bekommen soll, dann nur komplett durchgegartes (über 55 Grad für mindestens eine halbe Stunde) Fleisch.
Weintrauben und Rosinen	Sie sollten niemals Weintrauben oder Rosinen an Ihren Hund verfüttern. Schon mehrfach ist es durch auch einzelne Weintrauben zu schwerem Durchfall mit Erbrechen gekommen und Hunde verstarben nach einer größeren Menge Weintrauben an Nierenversagen. Also bitte immer außer Reichweite unserer kleinen Knautschnasen aufbewahren.
Zwiebeln	Egal ob roh, gekocht oder gebraten, Zwiebeln sind für Hunde nicht wirklich geeignet. Schwefelverbindungen in der Zwiebel zerstören die roten Blutkörperchen und können im schlimmsten Fall zum Tode führen.

Giftige Pflanzen

Pflanzenart	Vergiftungssymptom	Giftige Teile der Pflanze
Alpenveilchen (Cyclamen persicum)	Durchfall, Erbrechen, Krämpfe, Kreislaufstörungen, Atemlähmung	Alle Teile der Pflanze, vor allem die Knolle
Amaryllis (Hippeastrum)	Erbrechen, Durchfall, Herzrhythmusstörungen, Krämpfe, Muskelzittern	Alle Teile der Pflanze, vor allem die Zwiebel
Aronstab (Arum maculatum)	Erbrechen, Durchfall, Krämpfe, Herzrhythmusstörungen, Nieren- und Leberschäden	Alle Teile der Pflanze
Belladonna-Lilie (Amaryllis belladonna)	Erbrechen, Durchfall, Herzrhythmusstörungen, Krämpfe, Muskelzittern	Alle Teile der Pflanze, vor allem die Zwiebel
Blauer Eisenhut (Aconitum napellus)	Erbrechen, Durchfall, Nervosität, Krämpfe, Herzrhythmusstörungen, Atemlähmung	Alle Teile der Pflanze
Christrose (Helleborus niger)	Erbrechen, Durchfall, Lähmungserscheinungen, zentralnervöse Störungen	Alle Teile der Pflanze
Christusdorn (Euphorbia milii)	Schleimhautreizungen, Magenschmerzen, Übelkeit, Kolik, temporäre Blindheit bei direktem Augenkontakt	Der Pflanzensaft (Milchsaft)
Clivie (Clivia miniata)	Erbrechen, Durchfall	Alle Teile der Pflanze, vor allem die Zwiebel
Dieffenbachie (Dieffenbachia)	Starke Reizung der Schleimhäute in Maul, Schlund, Speiseröhre, Magen und Darm, Schluckbeschwerden, blutiger Durchfall	Alle Teile der Pflanze, vor allem der Stamm
Efeu (Hedera helix)	Erbrechen, Durchfall, Krämpfe, Nervosität	Alle Teile der Pflanze
Eibe (Taxus baccata)	Magen- und Darmbeschwerden, Krämpfe, Kreislaufkollaps, Herzversagen, Atemlähmung	Alle Teile der Pflanze
Einblatt (Spathiphyllum floribundum)	Erbrechen, Durchfall, Schluckbeschwerden, starkes Speicheln	Blätter und Stiele
Engelstrompete (Datura Suaveolens)	Erbrechen, Durchfall, Herzrhythmusstörungen	Alle Teile der Pflanze
Fensterblatt (Monstera deliciosa)	Erbrechen, Durchfall, Schluckbeschwerden, starkes Speicheln	Blätter
Fingerhut (Digitalis)	Erbrechen, Durchfall, Benommenheit, Herzrhythmusstörungen, Herzversagen	Alle Teile der Pflanze
Flamingoblume (Anthrium Andreanum)	Erbrechen, Durchfall, Schluckbeschwerden, starkes Speicheln	Blätter
Gemeiner Seidelbast (Daphne mezereum)	Erbrechen, Durchfall, Fieber, Blutiger Stuhl und Urin, Schluckbeschwerden, Kreislaufversagen	Alle Teile der Pflanze
Goldregen (Laburnum anagyroides)	Erbrechen, Herzstillstand	Alle Teile der Pflanze
Gummibaum (Ficus)	Erbrechen, Durchfall	Alle Teile der Pflanze

Giftige Pflanzen

Pflanzenart	Vergiftungssymptom	Giftige Teile der Pflanze
Herbstzeitlose (Colchicum autumnale)	Erbrechen, Durchfall, Benommenheit, Kreislaufkollaps, Atemstillstand	Alle Teile der Pflanze
Herzblatt (Scindapsus pictus)	Erbrechen, Durchfall, Schluckbeschwerden, starkes Speicheln, Blutungen	Blätter und Triebe
Hyazinthe (Hyacinthus orientalis)	Magen- und Darmbeschwerden, Kolik	Alle Teile der Pflanze, vor allem die Zwiebel
Immergrüner Buchsbaum (Buxus sempervirens)	Durchfall, Magen- und Darmbeschwerden, Krämpfe, Atemlähmung	Alle Teile der Pflanze
Kaladie/Buntblatt (Caladium)	Erbrechen, Durchfall, Schluckbeschwerden, starkes Speicheln, Lähmungserscheinungen	Alle Teile der Pflanze
Kirschlorbeer (Prunus laurocerasus)	Starkes Speicheln, Benommenheit, helle Schleimhäute, Lähmungserscheinungen	Alle Teile der Pflanze
Kolbenfaden (Aglaonema commutatum)	Erbrechen, Durchfall, Schluckbeschwerden, starkes Speicheln, Krämpfe, Herzrhythmusstörungen, Nieren- und Leberschäden	Blätter
Korallenstrauch (Solanum pseudocapsicum)	Erbrechen, Durchfall, Kolik	Alle Teile der Pflanze, vor allem die Früchte
Lebensbaum (Thuja occidentalis)	Krämpfe, Nieren- und Leberschäden	Alle Teile der Pflanze
Maiglöckchen (Convallaria majalis)	Erbrechen, Durchfall, Krämpfe, Herzstillstand	Alle Teile der Pflanze, vor allem die Blüten und Früchte
Mistel (Viscum album)	Erbrechen, Durchfall, Krämpfe, Herzstillstand	Alle Teile der Pflanze
Nachtschattengewächse (Solanum)	Erbrechen, Durchfall, Muskelzittern, Nervosität	Alle Teile der Pflanze, vor allem die Beeren
Oleander (Nerium oleander)	Magen- und Darmreizung, Benommenheit, Unruhe, Herzstillstand	Alle Teile der Pflanze
Osterglocke, Narzisse (Narcissus pseudonarcissus, Narcissus)	Magen- und Darmbeschwerden, Kolik, starkes Speicheln, Krämpfe	Alle Teile der Pflanze, vor allem die Zwiebel
Palmfarn (Cycas revoluta)	Erbrechen, Durchfall, Schwäche, Depression, Leberschäden	Alle Teile der Pflanze, vor allem die Samen
Pfaffenhütchen (Eunymus euroaeus)	Erbrechen, Durchfall, Kreislaufstörungen	Alle Teile der Pflanze
Philodendron	Erbrechen, Durchfall, Muskelzittern, Nervosität, starkes Speicheln	Blätter und Stengel
Prachtlilie (Gloriosa superba)	Erbrechen, Durchfall, Gangstörungen, Apathie, Kreislaufstörungen, Kollaps	Alle Teile der Pflanze, vor allem die Knolle
Purpurtute (Syngonium podophyllum)	Erbrechen, Durchfall, starkes Speicheln, Schluckbeschwerden	Blätter und Stiele
Rhododendron	Erbrechen, Kolik, starkes Speicheln, Unruhe	Blätter und Blüten

Giftige Pflanzen

Pflanzenart	Vergiftungssymptom	Giftige Teile der Pflanze
Rittersporn (Delphinium consolida)	Erbrechen, Kolik, starkes Speicheln, Nervosität, Gangstörungen, Lähmungen, Muskelzittern, Atemlähmung	Alle Teile der Pflanze
Rizinus, Wunderbaum (Ricinus communis)	Kreislaufstörungen, Kolik, Kreislaufkollaps	Samen und Blätter
Rosskastanie (Aesculus hippocastanum)	Erbrechen, Durchfall, Nervosität, Kolik, Benommenheit	Alle Teile der Pflanze, vor allem unreife Früchte und grüne Samenschalen
Schierling (Conium maculatum)	Nervosität, starkes Speicheln, Kolik	Alle Teile der Pflanze
Schneeglöckchen (Galanthus nivalis)	Erbrechen, Durchfall, starkes Speicheln	Alle Teile der Pflanze, vor allem die Zwiebel
Stechapfel (Datura stramonium)	Benommenheit, Nervosität, Krämpfe, Sehstörungen	Alle Teile der Pflanze
Stechpalme (Ilex aquifolium)	Erbrechen, Durchfall, Benommenheit, Tod	Rote Beeren und Blätter
Stinkwacholder (Juniperus sabina)	Erbrechen, Durchfall, Muskelzittern und -krämpfe	Alle Teile der Pflanze
Tollkirsche (Atropa belladonna)	Durst, starke Nervosität, Aggression, Atemlähmung	Alle Teile der Pflanze
Tulpe (Tulipa gesneriana)	Magen- und Darmbeschwerden, Kolik	Alle Teile der Pflanze, vor allem die Zwiebel
Wandelröschen (Lantana camara)	Erbrechen, Durchfall	Alle Teile der Pflanze, vor allem die Früchte
Weihnachtsstern (Eupforbia Pulcherrima)	Magen- und Darmbeschwerden	Pflanzensaft (Milchsaft), vereinzelt die Blätter und Blüten
Weisser Germer/ Nieswurz (Veratrum album)	Durchfall, Kolik, verlangsamte Atmung, Lähmungserscheinungen	Alle Teile der Pflanze
Zimmerkalla (Zantedeschia aethiopical)	Erbrechen, Durchfall, starkes Speicheln, Schluckbeschwerden	Alle Teile der Pflanze

Lottes Wellness-Tipp:
Zuerst eine köstliche und so gesunde Portion Mohrrüben, dann ein Schläfchen …

Rassetypische Krankheiten

und ihre Behandlungsmöglichkeiten

Allgemeine, zuchtbedingte und rassetypische Krankheiten, und welche davon kann man möglicherweise auf einfache Art selber behandeln – und wie?

Rassetypische oder zuchtbedingte Krankheiten

BANDSCHEIBENVORFALL

Leider müssen wir den Bandscheibenvorfall bei unseren Bullys wirklich als eine rassetypische Krankheit bezeichnen. Der Bandscheibenvorfall kann durch Keilwirbel begünstigt werden. Aber auch unabhängig von Keilwirbeln kann er z.B. durch Überbeanspruchung, falsche Belastung oder Stürze entstehen. Manche Züchter sind leider auch der Meinung, mit der Züchtung von Bullys mit einem längeren Rücken den Hunden etwas Gutes zu tun. Deren Ansinnen in allen Ehren, nützt es jedoch nichts, wenn nicht insgesamt auf einen stimmigen Körperbau geachtet wird. Die alleinige Fokussierung auf einen längeren Rücken lässt die Wirbelsäule ganz im Gegenteil eher instabiler werden und leistet somit, wenn der Hund zum Beispiel verhältnismäßig kurze Beine hat, Bandscheibenvorfällen Vorschub.
Wenn Sie sich also die Elterntiere ansehen, sollten diese lieber einen quadratischen, harmonisch wirkenden Körperbau haben.

DISTICHIASIS (zweite Wimpernreihe)

Unsere Hunde haben nur am oberen Lid eine Wimpernreihe. Diese dient zum Schutz vor Fremdkörpern. Ein angeborener Fehler ist eine zweite Wimpernreihe oder auch vereinzelte Wimpern, die dann sehr nah am Augapfel liegen oder sogar am inneren Lidrand, und die das Auge ständig durch Reibung reizen. Hier ist unbedingt der Gang zum Tierarzt angesagt. Auf Dauer kann das Auge schweren Schaden bis hin zur vollständigen Erblindung nehmen. Reibt sich Bully ständig am Auge, blinzelt viel, kneift das Auge zu und/oder tränt das Auge, ist dies ein Hinweis auf ein Problem wie Fremdkörper oder eine Augenerkrankung.

DILUTION, die verdünnte Fellfarbe – Blau, Lilac, Isabella und Creme

Tragen Hunde ein mausgraues Fell, so nennt sich diese Farbe Blau. Hierbei handelt es sich um eine genetisch bedingte Verdünnung der schwarzen Fellfarbe, auch Dilution genannt. Wichtig, um zu verstehen, warum ich die verdünnte Fellfarbe in der Zucht ablehne, ist zu wissen, wie sie entsteht.
Machen wir hierzu einen ganz kleinen und auch möglichst einfachen Ausflug in die Genetik.
Die genetischen Informationen eines jeden Lebewesens bestehen zu 50% aus Informationen vom Vater und 50% der Mutter. Stellen wir uns die Gene wie Dominosteine vor, die zwei Hälften mit einer Anzahl Punkte auf jedem Stein haben. Werde ich nun Mutter, bekommt mein Kind eine Hälfte meines Dominosteines und eine Hälfte des Vaters und bildet damit einen eigenen Dominostein. Welche Punkte der Eltern dieses Kind für seinen eigenen Dominostein bekommt, entscheidet die Natur willkürlich.
Die verschiedensten Gene unserer Hunde sind für die Beschaffenheit, Länge und auch Farbe des Felles verantwortlich, und viele hängen voneinander ab oder beeinflussen einander.
Jeder Hund trägt die Gene für die drei Grundfarben Gelb (Agouti), Wildfarben (Extension) und Schwarz. In vielen Jahrhunderten Zucht sind die verschiedensten Mutationen weiterer für die Fellfarbe verantwortlicher Gene entstanden oder durch Kreuzung in die Rassen hereingebracht worden. Wie genau die blaue Fellfarbe in unsere Französische Bulldogge gebracht wurde ist ungeklärt. Die ersten blauen Bullys gab es in den USA und Russland, und mittlerweile ist es schwer geworden, Bullys zu finden, die keine Träger des die Fellfarbe verdünnenden diluten Gendefektes sind.

Alle unsere Hunde tragen also die Gene für die schwarze Fellfarbe in sich. Das Dilutionsgen sorgt nun im Zusammenspiel mit der schwarzen Fellfarbe für eine Verdünnung. Dies klingt erst einmal ja nicht Besorgnis erregend. Jedoch führt das Wort „Verdünnung" ein wenig in die Irre. In der Tat passiert folgendes:
Damit Haare eine Farbe haben, werden sie gefärbt durch die Haarfarbstoffe Eumelanin (zuständig für schwarzes/braunes Farbpigment) und Phäomelanin (zuständig für gelbes/rotes Farbpigment). Dabei können wir uns das so vorstellen, dass das farblose Haar den Farbstoff einlagert und dadurch seine Farbe annimmt. Der dilute Gendefekt sorgt nun dafür, dass der schwarze Haarfarbstoff, denn nur dieser wird von diesem Gen beeinflusst, nicht überall im Haar aufgenommen wird. Er verklumpt in der Haarzelle. Einige Stellen des Haares bleiben also farblos und einige enthalten die schwarze Fellfarbe. Durch diese unregelmäßige Färbung erscheint das Haar für unser Auge grau (bzw. blau) statt schwarz. Fawnfarbene Französische Bulldoggen nennt man dann Blue Fawn. Da die fawnfarbenen Haare kleine schwarze Spitzen tragen, wirken sie je nach Lichteinfall leicht gräulich. Eumelanin ist auch für Braun zuständig, so kann auch ein brauner Hund aufgehellt werden und erscheint je nach Ausgangsfarbton seines Brauns in Lilac oder auch Isabella. Auch die Farben Apricot und teilweise Creme basieren auf der Dilution. Bei Creme ist ein Gentest oft erforderlich um zu identifizieren, ob die Farbe ein verdünntes Braun ist oder ob es sich um ein natürlich vorkommendes Creme handelt.
Die Verklumpung des Haarfarbstoffes in der Zelle, ist nicht die einzige Folge des diluten Gendefektes. Erfahrungswerte aus vielen anderen Rassen, die mit der blauen Fellfarbe gezüchtet wurden und irgendwann Probleme damit bekamen zeigen, dass dieser Gendefekt auch eine allgemeine Immunschwäche und damit die Tendenz zu Allergien verursacht und das Träger der Farbe auffallend häufig an Leber- oder Nierenproblemen leiden und daran früh versterben.
Die auffälligste gesundheitliche Folge der Dilution ist jedoch die sogenannte CDA. CDA heißt Color Dilution Alopecia, auf Deutsch: Farbmutanten Alopezie. Die von der Dilution betroffenen Haare können brüchig und struppig werden, Fellbereiche erscheinen dünner oder das Fell kann an diesen Stellen vollkommen ausfallen, und durch das verklumpte Eumelanin in den Zellen kommt es zu Entzündungen der Haut, zu starker Schuppenbildung bis hin zu einer Haut, die einer „Elefantenhaut" ähnelt und die an diversen Stellen aufbricht und sich stark entzündet. Eine der am schlimmsten unter diesen Symptomen leidenden Rassen war der Dobermann, und die Zucht der blauen Dobermänner ist mittlerweile in allen seriösen Vereinen verboten. Allerdings dauerte es, bis das Verbot kam.
Bis es zu den Symptomen kommt, braucht es eine gewisse „Stärke" der Verdünnung in der Rasse. Damit meine ich die Häufigkeit, in der immer wieder ein Hund mit verdünnter Fellfarbe mit einem weiteren Hund mit verdünnter Fellfarbe verpaart wird. Die ersten Generationen werden selten krank und haben sehr wahrscheinlich ein glückliches und gesundes Leben. Aber je häufiger man sie verpaart und je mehr der Ahnen ebenfalls die verdünnte Fellfarbe tragen, desto größer wird die Gefahr an den genannten Symptomen zu erkranken.
Und diese Symptome treten in dieser Stärke und Kombination tatsächlich ausschliesslich bei Hunden mit verdünnter Fellfarbe auf, und leider ist bis zum heutigen Tage nicht bekannt, was diese Probleme hervorruft. Vielleicht gibt es eine bestimmte Kombination von Genen, die diese Symptome begünstigt. Aber diese Vermutung konnte von Genetikern bisher nicht bestätigt werden, da die meisten Halter oder Züchter von Hunden dieser Fellfarbe nicht bereit sind, an den Forschungen teil zu nehmen. Wären sie es, könnten wir in diesem Thema schon sehr viel weiter sein, und eventuell wäre es sogar möglich Hunde zu züchten, die aufgrund der dann identifizierten gesunden Genkombination nicht mehr erkranken.

EKTROPIUM (Hängelid)

Das Hängelid ist zum Glück kein so häufiges Problem bei unseren Bullys, kommt jedoch vor. Ursache ist oft zu viel und zu schweres Gewebe (z.B. durch übermäßig viele Falten im Gesicht), welches das untere Augenlid schlicht nach unten zieht. Der Augenschluss kann so nicht mehr vollständig stattfinden. Fremdkörper haben einen leichtes Spiel und auch die Austrocknung ist eine Folge dieses Fehlers. Durch eine OP kann wahrscheinlich gut geholfen werden.

ENTROPIUM (Rolllid)
Auch das Rolllid ist Folge von Zucht mit zu starker Faltenbildung im Gesicht und am Kopf des Hundes. Hier drücken das Gewebe und die Falten der Stirn das obere Augenlid nach unten, und es rollt sich wortwörtlich ein. Die Wimpern und teilweise auch die Behaarung des oberen Augenlides reiben dadurch ständig über das Auge und reizen es sehr stark. Hier ist dringend durch eine OP für Korrektur zu sorgen. Die Gefahr der Erblindung ist sonst sehr groß, ganz davon abgesehen, dass die Schmerzen durch die Reizung am Auge für den Hund sehr groß sind.

FREIE ATMUNG
Verschiedene Faktoren bestimmen darüber, ob unsere Bullys frei atmen können oder später mal Probleme haben werden.

Zu nennen sind hier:
- Die Größe der Öffnung im Schädelknochen für die Nase
- Übermäßiges Wachstum der Nasenmuscheln und deren Lamellen
- Damit zusammenhängend die Verlagerung der Nasengänge in den Rachenraum
- Zu enger, kurzer Rachenraum
- Aussackungen des Gewebes um den Kehlkopf
- Zu dickes und/oder zu langes Gaumensegel
- Zu enge Nasenlöcher
- Zu enge, kleine Luftröhre oder gar kollabierte Luftröhre
- Länge der Nase

Sicherlich ist eine längere Nase von Vorteil, aber eine lange Nase allein macht noch keinen frei atmenden Hund. Dies wird leider fälschlicherweise immer wieder angenommen.
Es ist die Gesamtheit der Faktoren, die stimmen muss. Und hierfür ist maßgeblich die verantwortungsvolle Auswahl der Elterntiere ausschlaggebend.
Lassen Sie sich von keinem Züchter sagen, Schnarchen oder Atemgeräusche allgemein wären beim Bully normal. So ist es nicht! Es ist durchaus möglich, bei guter Auswahl, Bullys zu züchten, die unter normaler Belastung und sportlicher Aktivität weiterhin gut atmen können. Es braucht halt nur ein starkes Engagement.
Die Nase der Bullys wurde über die Jahrzehnte immer weiter zurück gezüchtet, ohne dabei darauf zu achten, ausreichend große Öffnungen im Schädel zu haben. Denn, wo sollen Knorpelgewebe und Schleimhäute hin? Diese deformieren im Inneren der Nase, stauen sich quasi zieharmonikaartig zusammen und verengen zusätzlich diese Schädelöffnung, unter Umständen drängen sie sogar bis in den Rachenraum hinein.
Durch die Rückzüchtung ist es leider auch zu einem vermehrten Wachstum der Nasenmuscheln und deren Lamellen gekommen, was zusätzlich in diesem nur noch engen Raum für schlichten Platzmangel sorgt. Die Räume für das Durchströmen der Atemluft sind manchmal extrem eingeengt und eine permanente Atemnot ist die Folge.
Die Nasenflügel sind oft nicht mehr richtig rund geöffnet und können sogar wie ein Ventil die Nasenatmung unmöglich machen. Die Flügel klappen beim Einatmen im Extremfall nach innen und verschließen die Nase. Da reden wir dann von einer so genannten Ventilnase.
Die Luftröhre kann verengt sein, einen Knick haben oder auch Aussackungen am Kehlkopf, in denen dann bei der Atmung der Schleim aus den Bronchien aufgeschlagen und irgendwann vom Bully als Schaum erbrochen wird.
Nicht zuletzt haben wir das Gaumensegel. Das Gaumensegel ist oft zu lang, teilweise auch einfach schlaff, da Bullys leider auch zu einer allgemeinen Bindegewebsschwäche neigen.

Verantwortungsvolle Zucht kann all diese Probleme verringern und auch weitestgehend vermeiden. Sicherlich wird ein Bully selten auf eine Art frei atmend sein, wie z.B. ein Schäferhund. Aber ein gut gezüchteter Bully bleibt bei Ruhe, bei normaler Belastung wie z.B. Spazieren gehen und bei normaler sportlicher Aktivität geräuschlos.

Bei Hochleistungssport oder auch großer Aufregung kann es durchaus zu lauteren Atemgeräuschen kommen, das muss aber noch nicht krankhaft sein. Im Idealfall kann ein Bully hecheln, ohne dabei zu „grunzen".

Bei einem Welpen ist es unmöglich vorauszusagen, ob er frei atmend sein wird oder nicht. Im Wachstum ändert sich noch so viel, und er wird mal frei atmen und mal vielleicht Zeiten haben, in denen er ein wenig Geräusche macht. Macht er jedoch auch mit 1,5 oder 2 Jahren noch immer deutliche Geräusche, dann ist anzunehmen, dass er ein ernsthaftes Problem hat.

Hier ist der Gang zum Tierarzt angesagt und eine gründliche Untersuchung.

Viele Ärzte raten schnell zu einer OP der Nasenflügel und des Gaumensegels. Damit kann auch schon gut geholfen sein ..., muss aber nicht.

Sind, wie vorher schon beschrieben, auch die Nasenmuscheln verengt, wird der Hund nach Öffnung der Nasenlöcher und nach Straffung des Gaumensegels weiterhin Probleme haben. Hier lohnt sich eine Untersuchung im CT um das Innere der Nase darzustellen. Es gibt mittlerweile eine Methode um diese Gänge zu weiten, und damit ist dann wirklich sehr gut geholfen. Auch Luftröhre und Kehlkopf sollten in solchen Fällen betrachtet und gegebenenfalls operiert werden.

Aber um es noch einmal deutlich zu sagen, die OP sollte eine Notlösung sein.

An aller erster Stelle kommt es darauf an, einen verantwortungsvollen Züchter mit freiatmenden Elterntieren zu finden, um dann ein Baby zu kaufen, welches diese Anlagen hoffentlich geerbt hat. Hoffentlich, weil der Züchter zwar mit guter Auswahl bestmögliche Voraussetzungen für fröhliche und gesunde Welpen schaffen kann, es aber in der Natur des äußeren Erscheinungsbildes unserer Bullys liegt, dass eventuell doch Probleme auftreten können. Die Natur hat da ja noch ein Wörtchen mitzureden.

GAUMENSEGEL

Ein leider sehr typisches Problem unserer Bullys ist ein schlaffes und/oder zu langes Gaumensegel. Dies ist klar ein vererbtes Problem und durch gewissenhafte Auswahl der Zuchttiere weitestgehend zu vermeiden. Ein zu langes, schlaffes Gaumensegel äußert sich durch das so oft als rassetypisch bezeichnete Schnarchen und Grunzen des Bullys. Ob es wirklich vom Gaumensegel kommt oder vielleicht auch durch ein anderes Problem in den Atemwegen, kann nur durch eine endoskopische Untersuchung in Narkose festgestellt werden. Haben Sie einen Verdacht, sollten Sie diese Untersuchung jedoch unbedingt vornehmen. Durch das erschlaffte Gaumensegel ist die Atmung für den Bully sehr erschwert und eine ständige Atemnot ist die Folge. Eine OP hilft hier sehr gut, wenn dies wirklich das einzige, die Atmung beeinträchtigende Problem ist. Leider ist aber oft nach einigen Jahren eine weitere OP notwendig. Das Gewebe des Gaumensegels neigt dazu weiter zu erschlaffen und kann nach einiger Zeit wieder Probleme verursachen.

HERZFEHLER

Herzfehler sind selten erworben, sondern in fast allen Fällen angeboren. Um diese zu vermeiden, sollten, wie für alle untersuchbaren Krankheiten geltend, nur absolut gesunde Elterntiere in der Zucht eingesetzt werden. Das minimiert das Risiko eines Herzfehlers immens. Mittels Ultraschall und Herzdoppler kann sehr gut überprüft werden, ob ein Herzfehler vorliegt oder sicher ausgeschlossen werden kann. Geringe Kondition, Lustlosigkeit, Wasseransammlungen, Ohnmachtsanfälle, gelegentliches Husten bei Anstrengung und ähnliche Symptome können Hinweise auf eine Herzerkrankung sein und sollten Sie mit Ihrem Bully zum Arzt führen.

HÜFTGELENKSDYSPLASIE (HD)

Bei der Hüftdysplasie handelte es sich viele Jahre um ein fast ausschließliches Problem von Großrassehunden. Aber in den letzten Jahren kommt sie auch immer häufiger bei kleinen Hunden vor. Hierbei handelt es sich um eine Fehlentwicklung der Hüftpfannen und Gelenkköpfe während der Wachstumsphase des Hundes, und diese Fehlentwicklung führt zu einer Funktionsbeeinträchtigung des Gelenkes, starken Schmerzen, früher Abnutzung und frühzeitiger Arthrose teils in sehr jungem Alter. Bei der HD scheiden sich ein wenig die Geister. Die Studien zur HD laufen seit vielen Jahren, und während u.a. in Deutschland viele Zuchtvereine verstärkt auf den Zuchteinsatz von komplett HD-freien Tieren achten, haben Länder wie die USA kaum derartige Einschränkungen. Die Ergebnisse solcher Studien sind umstritten, denn die HD-Rate in Deutschland und USA lässt weder eindeutig darauf schließen, dass es rein erblich ist und somit durch den Ausschluss von Tieren mit HD einzudämmen wäre, noch dass es erworben wird durch z.B. falsche Ernährung. Ich glaube, das beides eine Rolle spielt. Grundsätzlich ist davon abzusehen einen Hund, der an HD erkrankt ist (und sei sie noch so leicht!), in der Zucht einzusetzen.

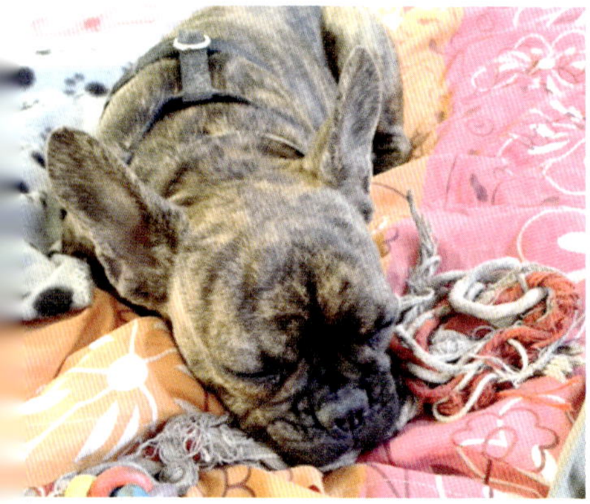

Ich bin einfach der Meinung, dass ein woran auch immer erkanktes Tier nicht in die Zucht gehört. Aber auch wir haben trotz HD-freier Eltern, Ahnen und Geschwister schon einen Welpen mit HD in unserer Nachzucht, und das spricht für mich dann auch für die Möglichkeit, dass die HD erworben werden kann. Mangel- oder Fehlernährung gerade in den ersten zwei Lebensjahren sowie Fehl- und auch Überbelastung der Gelenke sollen in solchen Fällen dafür verantwortlich sein. Dies zeigt nur noch einmal mehr, warum Sie sich zwar das ganze Leben, aber eben gerade in den ersten 2 – 3 Lebensjahren Ihres Bullys über Ihre immense Verantwortung für seine körperliche Entwicklung und zukünftige Gesundheit bewusst sein sollten.

KATARAKT

Der Katarakt ist die auch beim Menschen vorkommende Eintrübung der Linse im Auge, auch „Grauer Star" genannt. Diese Krankheit kann angeboren sein und schon im jungen Alter auftreten, kommt jedoch häufiger bei älteren Hunden vor oder entsteht durch andere Grunderkrankungen, wie z.B. Diabetes Mellitus. Erkennen Sie eine erste Trübung der Linse ist der schnelle Gang zum Arzt anzuraten. Je früher er eine OP durchführt, umso besser sind die Heilungschancen für den Hund, denn er kann durch den grauen Star komplett erblinden.

KEILWIRBEL

Wie Keilwirbel genau entstehen, ist leider zum derzeitigen Zeitpunkt noch ungeklärt. An der Tierärztlichen Hochschule in Hannover läuft eine Studie speziell bezogen auf die Französische Bulldogge. Denn gerade unsere Bullys sind häufig betroffen, so wie andere rutenlose Hunderassen oder Rassen mit Stummel- oder Knickruten auch. Unter einem Keilwirbel versteht man einen deformierten Wirbelsäulenknochen. Dieser kann aussehen wie ein Keil, wie ein Schmetterling oder er ist in Höhe oder Breite extrem verändert. Diese Deformation verursacht eine Instabilität in der Wirbelsäule, und ein Bandscheibenvorfall oder Verrutschen des gesamten Wirbelkörpers können leider häufig die Folge sein. In der Hoffnung, die Entstehung von Keilwirbeln so in den Griff zu bekommen, achten seriöse Züchter darauf, nur keilwirbelfreie Hunde in die Zucht aufzunehmen, ganz vermeiden kann man die Entstehung aber nicht. Es gibt verschiedene Theorien zur Entstehung: Von Vererbung, über Mangelernährung im Embryonalstadium bis hin zu einer gewissen Willkür der Natur. Unsicher ist, ob diese Deformation zuchttechnisch zu verhindern ist. Sind bei Ihrem Hund röntgenologisch Keilwirbel gefunden worden, sollten Sie unbedingt Rat bei einem Hundephysiotherapeuten suchen. Achten Sie zukünftig darauf, dass Ihr Hund nicht allzu stark tobt und springt, und bitten Sie darum, dass Ihnen die richtigen Maßnahmen zum Muskelaufbau rund um die Wirbelsäule und Bauchmuskulatur gezeigt werden. Machen Sie diese Übungen mit Ihrem Hund konsequent. Ein starker Muskelapparat schützt und stärkt die Wirbelsäule. Kommt es dennoch zum Verrutschen des Wirbelkörpers und/oder zum Bandscheibenvorfall, gehen Sie unbedingt zu einem Spezialisten. Schnelle Hilfe ist hier dringend angeraten. Ihnen wird auffallen, dass der Hund plötzlich regungslos stehen bleibt und er wird auch starkes Schmerzempfinden zeigen. Eine schnelle Reaktion und eine OP helfen hier oft Schlimmeres zu verhindern. Denn eine Querschnittslähmung oder schlimmstenfalls auch Einschläferung können durchaus die Folge von einem solchen Vorfall sein.

KNIESCHEIBENLUXATION (PATELLALUXATION)

Verrutscht die Kniescheibe aus ihrer natürlichen Position, bleibt der Hund stehen oder läuft mit einem steifen Bein. Sie helfen ihm in dieser akuten Situation, wenn Sie die geraden Hände rechts und links auf das Bein legen und in einer sanften Bewegung das Bein nach hinten ausstrecken und ausstreichen. Viele Hunde haben dieses Problem kurzzeitig im Wachstum, das muss nicht krankhaft sein. Helfen Sie seinem Körper in dieser Zeit mit der Gabe von Grünlippmuschel. Wir haben sehr gute Erfahrungen mit Luposan® gemacht, aber es gibt auch andere Präparate am Markt. Im Wachstum entwickelt sich nicht alles im Körper gleich schnell, und kurze Zeit kann es sein, dass die Bänder und Sehnen die Kniescheibe nicht richtig halten können. Bleibt dieses Problem jedoch über längere Zeit erhalten oder es ist sehr stark (sogar dauerhaft) vorhanden, dann

gehen Sie bitte zum Tierarzt. Eventuell wird er eine OP oder den Gang zum Physiotherapeuten anraten.
Ob die Patellaluxation vererbbar ist, ist leider nicht geklärt. Jedoch wird ein seriöser Züchter darauf achten, keine Hunde mit Patellaluxation in die Zucht zu nehmen. Wie überall ist hier auch Vorsicht besser als Nachsicht!

LUFTRÖHRENVERENGUNG (TRACHEAKOLLAPS)

Auch dies ist leider ein häufig durch den Zuchteinsatz nicht geeigneter Tiere angeborenes Problem bei der Atmung unserer Bullys. Die Luftröhrenverengung kann aber auch durch z.B. Übergewicht begünstigt werden. Sie äußert sich durch häufiges Husten, hörbare und erschwerte Atmung, schnelle Erschöpfung und auch Erbrechen von Schaum, da sie oft von Aussackungen am Kehlkopf begleitet wird. Der Tierarzt sollte den Hund röntgen und eventuell auch endoskopisch unter Narkose untersuchen, um den Tracheakollaps zu identifizieren. Eventuell wird hier eine OP unumgänglich sein, um dem Tier die Atmung wieder zu erleichtern.

MERLE

Ich persönliche halte das Gen, welches die Fellfarbe „Merle" verursacht, für eines der gefährlichsten in der Hundezucht. Das Merle-Gen kann übelste Verkrüppelungen der Augen und der Gehörgänge verursachen und lässt im „leichteren" Krankheitsfall die Welpen blind und/oder taub auf die Welt kommen. Das Tückische am Merle-Gen ist, dass es nicht in jedem Fall sofort zu erkennen ist. Es gibt Hunde, die keine Merlefarbe im Fell tragen und trotzdem reinerbig Merle sind. Das liegt daran, dass das Merle-Gen nur das Eumelanin, also die schwarze bzw. braune Fellfarbe beeinflussen kann. Das Phäomelanin (die gelbe bis rote Fellfarbe) bleibt von diesem Gen komplett unbeeinflusst, und so können wir in diesen Fällen also einen reinerbigen Merleträger haben, es aber aufgrund der Fellfarbe nicht erkennen. Ein Gentest auf Merle ist also bei Rassen, in denen diese Fellfarben vorkommen, unerlässlich, denn verpaart man einen merlefarbenen Hund mit einem weiteren merlefarbenen Hund, haben die Welpen eine bis zu 15%ige Gefahr, an den genannten Missbildungen zu erkranken. Darüber hinaus sind sie oft gegenüber ihren Geschwistern in der Entwicklung zurückgeblieben und weniger agil. Für mich das Gefährlichste am Merle-Gen ist jedoch, dass auch Welpen, die nicht reinerbig Merle sind, sondern das Merle-Gen nur auf einer Hälfte ihres Gens tragen, noch immer eine 3%ige Gefahr haben, an Missbildungen, verursacht durch das Merle-Gen, zu erkranken. Das macht dieses Farbgen für mich zum gefährlichsten in der Hundezucht und ich persönlich bin für ein Verbot.

Warum nenne ich diese Fellfarbe nun hier, obwohl es das Merle in der Französischen Bulldogge laut Rassestandard gar nicht gibt? Nun, mittlerweile gibt es auch in Deutschland einige Menschen, die mit dem Merle-Gen in der Französischen Bulldogge experimentieren und hierzu einen Frenchie mit einem Hund anderer Rasse in Merle verpaaren. Aus den hieraus entstandenen Mischlingen wird dann versucht, über viele weitere Verpaarungen einen Hund zu bekommen, der wieder wie eine Französische Bulldogge aussieht und die Fellfarbe Merle trägt. Leider ist es so für seriöse Züchter der Französischen Bulldogge unerlässlich geworden auch auf das Merle-Gen zu testen, bevor ihre Hunde in die Zucht gehen, denn es gibt schon Hunde, die einer Französischen Bulldogge zum Verwechseln ähnlich sind, aber aus einer solchen Experimentalzucht stammen und das Merle-Gen tragen. Unwissende können da leider schnell an einen solchen Hund geraten.

TRICHIASIS

Eine Fehlstellung der normalen Wimpernreihe nennt man Trichiasis. Bei dieser Fehlstellung drehen sich die Wimpern nach innen in Richtung Auge, so dass sie ständig auf dem Auge reiben und dieses stark reizen. Das kann angeboren sein oder z.B. durch eine länger andauernde Lidrandentzündung entstehen. In leichteren Fällen reicht das vorsichtige Auszupfen mit einer Pinzette. Kommen die Wimpern wieder und haben wieder eine solche Fehlstellung, sollten Sie die betreffenden Wimpern durch den Tierarzt entfernen lassen.

VORFALL DER NICKHAUTDRÜSE (CHERRY EYE)

Im inneren Augenwinkel liegt die Nickhaut und die Nickhautdrüse, die das Auge befeuchtet. Durch eine Bindegewebsschwäche oder auch im Wachstum oder bei Stürzen kann diese Nickhautdrüse vorfallen und zeigt sich dann im inneren Augenwinkel als etwa erbsengroßes Stückchen Schleimhaut. Normalerweise kann diese in ihre Position zurück gedrückt werden und sollte keine Probleme mehr machen. Ist das Bindegewebe in diesem Bereich jedoch sehr schwach, kann der Zustand dauerhaft werden. Stört dies den Hund, kann die Nickhautdrüse in einer kleinen OP in ihrer Position fixiert werden. Früher war es üblich sie zu entfernen, das gilt heute jedoch als überholt. Stört sie den Hund nicht, würde ich von einer OP absehen.

Weitere Krankheiten

ANALBEUTELENTZÜNDUNG

Rechts und Links neben dem After unserer Hunde liegen die Analdrüsenbeutel. Die Analdrüse produziert ein Sekret, welches sich im Analbeutel sammelt. Bei Kotabsatz werden diese Beutel ausgedrückt und so setzt der Hund dann eine Duftmarke. Hat der Hund über längere Zeit Durchfall oder zu weichen Kot, kann sich das Sekret in dem Analbeutel stauen und verursacht so eine Entzündung. Einige Hunde haben auch eine Veranlagung für ein eher körniges oder pastöses Analdrüsensekret und neigen dadurch häufiger zum Stau des Sekrets und der dann folgenden Analbeutelentzündung. Meist fällt Frauchen auf, dass der Hund sich öfter am After leckt, die eigene Rute jagd oder „Schlitten fährt", also mit dem Po über den Boden scheuert. Zeigt sich um den After eine verdickte Rötung (im fortgeschrittenen Stadium sieht es aus wie eine pralle rote Blase neben dem After), sollten wir aktiv werden. Eine Analbeutelentzündung ist für unseren Hund sehr schmerzhaft. Alle, die schon einmal so etwas wie Hämorrhoiden hatten, wissen wie weh so etwas tut. Wichtig ist vor allem, Ursachen wie Durchfall und zu weichem Kot dauerhaft abzustellen. Bitte klären Sie hier unbedingt mit Ihrem Tierarzt ab, ob eine Krankheit die Ursache ist. Wenn nicht, ist sehr wahrscheinlich die Ernährung Ihres Hundes die Ursache. Tipps zur Ernährung finden Sie im entsprechenden Kapitel dieses Buches. Bei akuter Analdrüsenentzündung, die zu spät entdeckt wird, ist die Entzündung irgendwann so stark, dass der Analbeutel aufplatzt. Der Hund blutet dann und Analsekret und Eiter fließen aus der Wunde. Reinigen Sie die Wunde vorsichtig mit einem feuchten Tuch und tupfen sie eine Wunddesinfektion wie z.B. Betaisadona® mehrmals am Tag auf die Wunde. Wenn Sie lieber zum Arzt möchten, kann der natürlich Ihrem Hund auch sehr gut helfen. In aller Regel wird er den Analbeutel spülen und Antibiotika geben. Eventuell gibt er Ihnen eine Lösung für Sitzbäder oder Waschungen mit, die auch sehr gut helfen.
Ist der Analbeutel entzündet, aber noch geschlossen, ist es ratsam Ihren Tierarzt aufzusuchen. Er wird den Analbeutel manuell ausdrücken. Dies ist sehr schmerzhaft für den Hund, aber verschafft ihm sofortige Erleichterung. Ohne Übung versuchen Sie dies bitte nicht selbst. Sie könnten Ihrem Hund sehr weh tun, ohne dass Sie den Beutel wirklich fachgerecht ausleeren oder den Analbeutel zum Platzen bringen.

Tipp aus der Erfahrung:
Haben Sie immer eine Zugsalbe auf natürlicher Basis im Haus. Sobald wir sehen, dass der Analbeutel gerötet ist, wird eingecremt, und meist ist es am nächsten Tag schon viel besser!

ARTHROSE BEIM HUND

Die Arthrose ist eine Verschleißerscheinung vorwiegend beim älteren Hund. Sie kann aber bei Fehlernährung und Überbelastung auch bei jüngeren Hunden vorkommen. Hier wird der Knorpel im Gelenk abgenutzt und es entstehen eventuell auch Knochenzubildungen, die das Gelenk versteifen lassen und dem Tier Schmerzen bereiten. Diese Knochenzubildungen (wie z.B. auch bei der Spondylose) produziert der Körper um eine geschwächte Gelenkstelle vermeintlich zu reparieren und zu stabilisieren.

Faktoren für die Entstehung einer Arthrose sind:
- Übergewicht
- Überbeanspruchung bzw. falsche oder zu frühe Belastung
- Mangel- oder Fehlernährung
- Gelenkfehlstellungen (z.B. HD)
- Verletzungen
- Vorangegange Gelenkerkrankungen wie z.B. Entzündungen

Achten Sie also immer auf eine altersgerechte Belastung in Bezug auf die Aktivität. Einen Welpen täglich mehrmals zwei Stockwerke Treppen laufen zu lassen oder häufig mit ihm ausgedehnte Strandspaziergänge zu unternehmen, schadet den sich gerade entwickelnden Gelenken sehr!

AUJESZKYSCHE KRANKHEIT

Zum Glück gibt es diese Krankheit nur selten. Nichtsdestotrotz sollten Sie darüber Bescheid wissen. Die Aujeszkische Krankheit ist der Grund, weshalb Hunde kein rohes Schweinefleisch oder andere rohe Produkte vom Schwein oder auch Wildschwein essen sollten. Für Menschen ist diese Krankheit ungefährlich, für Hunde und Katzen endet sie jedoch in jedem Fall mit dem Tode. Es gibt keine Impfung und es gibt auch keine Heilung. Wird die Aujeszkysche Krankheit eindeutig diagnostiziert, bleibt nur die schnelle Einschläferung, um dem Tier einen qualvollen Tod zu ersparen. Und dies ist leider keine Übertreibung. Unser Hunde und Katzen können sich über den Verzehr von rohem (Wild-)Schweinefleisch infizieren oder über direkten Kontakt mit infizierten Tieren, wie z.B. den Biss eines Wildschweines, wenn wir diesem auf dem Spaziergang begegnen. Vor allem über den Speichel, aber auch mit jeder anderen Körperflüssigkeit können infektiöse Viren ausgeschieden und übertragen werden. Der Hund wird nach einer Inkubationszeit von 2 – 9 Tagen die ersten Symptome zeigen, wie Ruhelosigkeit, Apathie eventuell auch Husten. Das Virus gehört der Familie der Herpesviren an und verbreitet sich im Körper über das lymphatische und Nervensystem. Meist kommt es zuerst zu einer Enzephalomyelitis (Hirnnervenentzündung) mit den eben genannten Symptomen. Es folgen alle oder auch nur einige der folgenden Symptome: Appetitlosigkeit, Erbrechen, beschleunigte Atmung, starkes Speicheln, Schluckbeschwerden, schwankender Gang, Krampfanfälle, Augenzittern, Muskelzuckungen, Fieber. Die Ähnlichkeit der Symptome mit denen der Tollwut brachte dieser Krankheit auch den Namen „Pseudowut" ein. Es kann auch zu Tobsuchtsanfällen und Jaulen kommen. Im Gegensatz zur Tollwut sind diese Anfälle jedoch nicht aggressiv geprägt. Im späteren Verlauf kommt es zu einem extremen Juckreiz vor allem am Kopf aber auch an den Läufen und am Schwanz. Dieser Juckreiz macht das Tier fast irre, und es kommt sogar dazu, dass sie sich die betroffenen Stellen komplett auf kratzen oder abnagen. Nach Ausbruch der Symptome kommt es in jedem einzelnen Fall innerhalb von 2 – 4 Tagen zum Tod, ohne dass wir eine Chance auf Linderung der Symptome oder gar Heilung haben. Ich glaube, das macht deutlich um was für eine Gefahr es sich hier handelt. Erst die Erhitzung des Fleisches über 55 Grad für mindestens eine halbe Stunde, kann die Viren abtöten. Keine Desinfektion, keine Impfung kann sie vermeiden. Vor allem der Wildschweinbestand stellt heutzutage noch eine Gefahr dar. Im Hausschweinbestand kam es zu keinen bekannten Fällen in den letzten Jahren, jedoch ist weiterhin Vorsicht geboten, denn eine lückenlose Kontrolle gibt es nicht. Verfüttern Sie also kein rohes Schweinefleisch, keine Schweineknochen, keine getrockneten Teile vom Schwein, keine ungekochten Schweinewürste. Am besten machen Sie es wie ich und verzichten komplett auf jedes Produkt vom Schwein in der Hundefütterung. Mir ist das tausend Mal lieber, als das geringste Risiko für meine Tiere einzugehen.

BABESIOSE

Die Babesiose wird durch Zecken, im speziellen der Auwaldzecke, übertragen. Ein Grund mehr, unsere Lieblinge regelmäßig nach ihnen abzusuchen und die kleinen Schmarotzer sofort zu entfernen.

Babesien sind kleine fiese Einzeller, die die roten Blutkörperchen zerstören. Der Krankheitsverlauf ist rapide und führt innerhalb weniger Tage, wenn er unbehandelt bleibt, zum Tod. Wenn Sie also an Ihrem Bully nach einem Zeckenbiss Symptome wie Fieber, allgemeine Unlust, fehlenden Appetit feststellen, dann gehen Sie lieber einmal zu viel zum Tierarzt. Sprechen Sie ihn auf die Babesiose an und er wird eine Blutuntersuchung machen.

Im Ausland gibt es einen Impfstoff, der jedoch leider nicht gegen alle Babesien-Arten hilft. Und in Deutschland ist diese Krankheit zum Glück noch nicht allzu häufig – aber die Fälle mehren sich. Die Auwaldzecke gehörte lange Zeit eher in südliche Gefilde, aber ihre Verbreitung in Deutschland nimmt zu. Also ist Vorsicht durchaus geboten.

BINDEHAUTENTZÜNDUNG

Die süßen kugelrunden Kulleraugen unserer Bullys sind leider recht anfällig für Bindehautentzündungen. Zugluft, kaltes Wetter und Wind lassen diese schnell entstehen. Ich habe immer die ganz normalen (nicht antibiotischen) Augentropfen für uns Zweibeiner zu Hause. Und hat Ihr Bully stark gerötete Augen und Augenschleimhäute und zwinkert häufig oder kneift das Auge zu, dann gönnen Sie ihm einen Tropfen. In aller Regel wird sich sein Auge ganz schnell erholen.

BLASENENTZÜNDUNG

Eine Blasenentzündung ist gerade bei Hündinnen im Winter schnell passiert. Da kommt man vom Spaziergang nach Haus, trifft grad noch die Nachbarin und wechselt ein paar Worte und Bullymädel sitzt derweil auf dem kalten Boden. Schwupps! Da ist die lästige Blasenentzündung! Sie macht sich bemerkbar, indem Bullyline immer wieder raus möchte um Wasser zu lassen, es kommen aber immer nur ein paar Tröpfchen. Holen Sie sich in so einem Fall einen Blasen- und Nierentee. Zubereitet und unter das Futter gemischt sollte er vom Bully aufgenommen werden und hoffentlich für schnelle Linderung sorgen. Trinken werden ihn die meisten Bullys leider nicht freiwillig. Halten die Krankheitssymptome jedoch länger als zwei Tage an, gehen Sie vorsichtshalber zur Arzt. Eventuell braucht Bully Antibiotika zur Unterstützung.

BLUTOHR

Bei einem Blutohr handelt es sich erst einmal „nur" um einen Bluterguss, meist auf der Innenseite des Ohres. Dies kann entstehen beim Spielen, durch Bisse anderer Hunde ins Ohr oder auch durch eine andere Grunderkrankung wie einer Ohrentzündung und dem folgenden häufigen Kopfschütteln und Kratzen des Hundes. Der Tierarzt wird das Hämatom punktieren oder auch aufschneiden und ausräumen, eine antibiotische Behandlung empfehlen und das Ohr mit einem Druckverband versorgen. Sie sollten unbedingt darauf achten, dass der Hund den Kopf nicht mehr schüttelt und ihm auch einen Kragen anlegen, damit er sich nicht mehr kratzen kann. Regelmäßiger Verbandswechsel und eine gute Kontrolle ist angeraten, damit erkannt wird, wenn sich das Hämatom nachbildet und der Arzt dieses dann erneut punktieren kann. Leider kommt es häufig zur Bildung von Narbengewebe, und ein verformtes Ohr ist die Folge. Sie können der Ursache Ohrenentzündung relativ einfach vorbeugen, indem Sie regelmäßig die Ohren kontrollieren und die einsehbaren Bereiche vorsichtig reinigen. Bei unseren Bullys sollte dies eh zur Routine gehören. Dreck sammelt sich in ihren kleinen „Trichtern" ja allzu gerne.

DEMODIKOSE DEMODEX-RÄUDE

Eines vorweg: Die Demodex-Milbe, die die Demodikose verursacht, ist kein Parasit den wir irgendwie vermeiden können. Demodex-Milben sind leider ganz normale Hautbewohner eines jeden Lebewesens, und wir müssten schon in komplett steriler Umgebung geboren werden und aufwachsen ohne jeglichen Kontakt zur Außenwelt und anderen Lebewesen, um

ihnen zu entkommen. Ein gesundes Immunsystem jedoch lebt ohne jegliche Symptome mit diesen Parasiten. Folglich ist es das schwache Immunsystem, welches den Demodex-Milben es ermöglicht, sich auf der Hautoberfläche rasant zu vermehren. Das kann zu Haarausfall und starkem Juckreiz führen, und folglich zu Entzündungen der Haut durch das Kratzen. Relativ häufig kommt es zu einer so genannten Jugend-Demodex, wenn die Hündin in die Geschlechtsreife kommt und die erste Läufigkeit bevor steht. Es entstehen kleine kahle Flächen, z.B. an den Flanken oder am Hals oder Kopf, häufig kommt es zu einer Art „Brillenbildung" um die Augen. Diese Jugend-Demodex ist in den allermeisten Fällen nicht behandlungsbedürftig und geht von ganz alleine nach ein paar Wochen wieder weg, wenn sich der Hormonhaushalt eingepegelt hat und das Immunssystem wieder an Kraft gewinnt. Am besten unterstützen Sie Ihren Bully in so einer Zeit durch hochwertiges Futter und Zusätze wie z.B. lebende Darmbakterien, um das Immunsystem aufzubauen. Nur wenn das Wohlbefinden des Hundes durch die Demodikose extrem beeinträchtigt ist, würde ich zu Medikamenten greifen. Viele Tierärzte behandeln die Demodikose mit Kortisongaben. Hiervon möchte ich stark abraten, da das Kortison das Immunsystem drückt und so den Demodex-Milben nur umso größere und leichtere Angriffsfläche bietet. Es gibt verschiedene Ansätze zur Behandlung, die leider häufig recht teuer und langwierig ist. So lang wie möglich, und wenn der Befall noch nicht allzu stark ist, würde ich es immer erst einmal mit einem Immunaufbau probieren und dem Hund die Chemiekeule ersparen.

DERMOID

Beim Dermoid handelt es sich um eine während der Embryonalentwicklung versprengte Hautzelle, die sich auf der Hornhaut des Auges oder am Innenrand des Augenlides angesiedelt hat und dort durch dunklere Färbung erkennbar ist, mitunter wachsen aus ihm auch einige feine oder gar dicke borstige Haare. Vergleichbar ist der Dermoid am Auge mit einem der großen dicken Muttermale bei uns Menschen. Von einer Vererbbarkeit wird hier nicht ausgegangen, jedoch sollte mit einem direkt betroffenen Tier vorsichtshalber nicht gezüchtet werden. Kommt ein Welpe mit einem Dermoid auf die Welt, und ist das Auge bzw. sein Wohlbefinden dadurch nicht beeinflusst (das Auge zeigt keine Reizungen oder gar Entzündung), dann kann die Behandlung mit 4 – 6 Monaten erfolgen, wenn der Welpe bereits stark und gesund genug dafür ist. Denn die Behandlung bedeutet immer eine kleine OP. Diese versprengten Hautzellen sitzen auf der normalen Hautoberfläche oder auf der ansonsten gesunden Hornhaut des Auges und werden in einer OP abgeschält. Der Operateur sollte hier sauber arbeiten und wirklich alle beteiligten Hautzellen „erwischen". Ansonsten besteht die Gefahr, dass der Dermoid nachwächst. Ist er jedoch einmal komplett entfernt, kommt er nie wieder.

DURCHFALL

Es gibt eine Vielzahl von Ursachen für Durchfall bei unseren Hunden. Einige Bullys haben leider generell ein recht mäkeliges Verdauungssystem und reagieren schnell mit Verdauungsstörungen. Unsere Erstversorgung bei starken Durchfällen ist immer die Gabe eines geriebenen Apfels. Die Mütter und Väter unter uns werden dieses kleine aber feine Hausmittelchen kennen. Handelt es sich nur um eine kleine Verstimmung und nicht um einen ausgewachsenen Magen-Darm-Infekt, dann wird ein Tag nur mit geriebenem Apfel das Problem innerhalb weniger Stunden wieder in Ordnung bringen.
Leidet Ihr Bully am nächsten Tag noch immer unter starken Durchfällen, sammeln Sie eine Probe ein und machen Sie sich mit Probe und Wauz auf den Weg zum Tierarzt. Durch länger anhaltenden wässrigen Durchfall kommt es zu einem extremen Flüssigkeitsverlust, der für den Hund sehr gefährlich werden kann. Deswegen hier nicht zu lange experimentieren, sondern, wenn der Apfel nicht hilft, ab zum Arzt.

EPILEPSIE

Unsere Bullys waren immer epilepsiefrei, jedoch häufen sich in den letzten Jahren leider auch in unserer Rasse die Fälle von Epilepsie. Diese plötzlichen Krampfanfälle der Hunde sind schrecklich mit anzusehen und noch schlimmer für den Hund.

Hat Ihr Bully einen solchen Anfall, gehen Sie umgehend mit ihm zum Arzt. Unter Umständen kann eine medikamentöse Behandlung Linderung und Abschwächen der Krampfanfälle oder auch deren Verschwinden erwirken. Ihr Hund wird die Medikamente jedoch ein Leben lang nehmen müssen. Kommen diese Anfälle bei jungen Hunden vor, ohne dass es eine andere Grunderkrankung z.B. des Zentralen Nervensystems, eine Hirnhautentzündung, Tumor oder ein Schädeltrauma gab, müssen wir von einer Vererbung ausgehen. Umso mehr sind hier wieder die Züchter in der Pflicht, nur absolut gesunde Tiere zur Zucht einzusetzen.

FLÖHE

Diese kleinen fiesen Lästlinge begegnen uns leider überall, und hier hilft die vorbeugende Behandlung des Bullys am ehesten um eine Invasion in Ihrem Heim zu vermeiden. Hat der Bully die Flöhe erst einmal ins Haus getragen, vermehren diese sich fröhlich und sind dann nur noch mit harten chemischen Waffen zu bekämpfen. Floheier können mehrere Monate in Fugen, Ritzen, Polstermöbeln „schlummern" um dann aktiv zu werden, wenn sich durch Erschütterung die Nähe eines Wirtes anzeigt. Die Behandlung des gesamten Bodenbereiches und sämtlicher Schlaf- und Liegeplätze ist notwendig um sie wieder weg zu bekommen. Seien Sie dankbar, wenn Sie noch nie mit Flöhen das Haus teilen mussten. Ich hatte dieses zweifelhafte Vergnügen schon zweimal. Vor vielen Jahren bezog ich eine wunderschöne Altbauwohnung in Hamburg mit diesem tollen alten Pitchpineboden. In dessen Ritzen, nehme ich an, warteten die Monster auf uns, vor allem auf meine Katzen. Mir fiel zuerst gar nichts auf ..., auch die Katzen kratzten sich nicht merkbar. Auffällig wurde es erst, als die Flöhe explosionsartig schlüpften und ich abends an mir herunter sah und mich wunderte, was für einen „Krümel" ich da am Bein habe. Oh, da! Noch einer! Und noch einer! Und mein Blick zum Boden sorgte dann für ein noch immer anhaltendes Floh-Trauma und die Erschütterung meiner bis dahin so schönen Welt! Überall schienen sie umher zu springen. An Schlaf war die Nacht nicht zu denken. Ich saß mit angezogenen Beinen und Licht auf meinem Bett und beobachtete, ob sich auf dem weißen Laken irgendwas Dunkles springend in meine Richtung bewegt. Um vier Uhr morgens verschwand ich auf spitzen Zehen in die Dusche, kleidete mich auch darin an und verließ fluchtartig die Wohnung. Pünktlich zu Öffnungszeiten rief ich den Kammerjäger zu meiner Rettung und war entsetzt, als er meine Wohnung betrat und nur zu mir meinte: „Ach, das ist ja noch gar nichts..." Gar nichts?! Für mich reichte es zur kompletten Katastrophe und der Überlegung, die Katzen abzuschaffen und nie wieder Tiere haben zu wollen. Ja, Ok, vielleicht war das eine kleine Überreaktion, und nachdem er mir versicherte, dass ich nun ausreichend Hochprozentiges in der ganzen Wohnung habe, um nicht einen einzigen lebenden Floh mehr zu Gesicht zu bekommen, habe ich auch meine Katzies wieder in mein Mutterherz geschlossen. Aber ich mag halt keine Tiere, die sich ungefragt bei mir einnisten und mich beißen!
Für die zweite Invasion sorgte unsere Toffie, die mit Vorliebe im Garten nach Maulwurfshügeln und Eingängen zu Wühlmaushöhlen Ausschau hält und diese Gänge dann in höchster Präzision nachgräbt. Einen Sommer trug sie uns so die Flöhe ins Haus und wir verbrachten einen Tag im Garten, während das komplette Haus ausgeräuchert wurde. Wir waren danach nicht nur flohfrei, sondern zu meinem Vergnügen gab es für 4 Monate auch keine lebende Spinne mehr. Das sind die Momente, wo ich ohne zu hinterfragen sofort zur Chemiekeule greife. Jedoch gibt es bei Flohbefall, oder zu dessen Vorbeugung, auch einige Hausmittelchen, deren Wirksamkeit ich jedoch nicht aus persönlicher Erfahrung kenne. Wir behandeln unsere Tiere regelmäßig mit den sogenannten Spot-On-Mitteln, einem Kriechöl, welches in den Nacken getropft wird und welches sich dann über den Körper verteilt und Flöhen keine Chance gibt. Aufgrund meines persönlichen Flohtraumas hält sich meine Offenheit gegenüber Experimenten mit natürlichen Mitteln in Grenzen. Hätte ich dieses erste Erlebnis in meiner ungewollten Floh-Wohngemeinschaft nicht gehabt, würde ich sicherlich erst einmal zu natürlichen Mitteln greifen. So können Sie, hoffentlich unvorbelastet von näherem Kontakt mit Flöhen, Ihren Bully durch die Gabe von Knoblauchpulvern oder -ölen, die es zu diesem Zweck speziell für Hunde zu kaufen gibt, behandeln. Es soll recht gut wirken und ist den Versuch wert.

GIARDIEN

Lange Zeit galt die Infektion mit Giardien auch für mich als eine Krankheit, die hauptsächlich in Südeuropa vorkommt. Nachdem ich nach der Aufnahme einer Katze aus dem Tierschutz zum ersten Mal eine Giardieninfektion in der Gruppe hatte, habe ich mich jedoch eingehend damit beschäftigt. In der Tat sind Giardien die weltweit am häufigsten vorkommenden Darmparasiten bei Mensch und Tier. Ein gesundes Immunsystem wird das Aufkommen der Giardien auffangen und dafür sorgen, dass man diese Infektion nahezu symptomfrei übersteht und somit nie bemerkt. Kleinkinder, Senioren, chronisch Erkrankte sind jedoch häufig insgesamt immungeschwächt und haben mitunter starke Beschwerden durch diese Parasiten. Genauso geht es unseren Tieren. Vor allem Welpen und ältere Tiere werden Schwierigkeiten haben, die Giardien eigenständig zu bekämpfen.

Giardien sind kleine Einzeller, die sich mit einer Art Saugnapf an die Wände des Dünndarms heften und dort über die Schleimhäute ihre Nahrung aufnehmen. Dementsprechend fehlen diese bereits von den Giardien aufgenommenen Nährstoffe dem Wirtsorganismus und zusätzlich werden die Schleimhäute des Dünndarms extrem gereizt. Es kommt beim Giardienbefall zu starken Durchfällen. Wer einmal die Ausscheidungen eines von Giardien befallenen Tieres gesehen und vor allem gerochen hat, wird fortan in der Lage sein, ohne Hilfe eines Arztes eine sofortige Diagnose zu stellen. Der Kot wird sehr weich, breiig und ist sehr hell. Und er riecht unangenehm süßlich. Glauben Sie mir, diesen Geruch vergessen Sie wirklich nicht mehr. Hat sich Wauz die Giardien einmal eingefangen und ist sein Immunsystem nicht in der Lage diese zu bekämpfen, haben wir einen neuen spannenden Vollzeitjob. Und die Infektion passiert sehr schnell, indem er z.B. an Kot von infizierten Tieren oder am Hinterteil eines infizierten Tieres schnuppert oder auch einfach nur aus einer Pfütze trinkt, in die Bestandteile von infiziertem Kot beim letzten Regen hineingewaschen wurden. Um andere Wirtstiere zu befallen, schließen sich zwei Giardien in eine feste Hülle ein, werden mit dem Kot des Wirtstieres ausgeschieden und können mehrere Wochen in dieser Hülle (Zyste genannt) dann an Gras, auf der Erde, in Pfützen, auf Kothaufen und an vielen anderen denkbaren Orten auf die Aufnahme durch den nächsten Wirt warten. In warmen, feuchten Böden oder Gewässern bleiben diese Zysten fast zwei Monate infektiös und in kalten Gewässern kurz über dem Gefrierpunkt sogar fast drei Monate. Langhaarige aber auch kurzhaarige Tiere können Kotreste im Fell tragen oder durch Putzen des Hinterteils Zysten am Fell verteilen oder durch das Laufen auf infizierten Erdböden Zysten an den Pfoten ins Haus tragen und so auch auf Sofas, Liegeplätze oder Teppiche verbringen.

Nun aber bitte keine Panik! Wie gesagt: Giardien sind der weltweit am häufigsten vorkommende Darmparasit und ein gesundes Immunsystem bekämpft sie alleine sehr erfolgreich. Wir müssen also mit ihnen leben und tun dies auch wahrscheinlich seit Jahrhunderten sehr gut. Ich weiß, jetzt fragen Sie sich, was Sie tun können. Nun, das kann ich Ihnen sagen: Nichts. Sorgen Sie bei Ihrem Hund (und sich selbst) einfach für eine gesunde Ernährung und somit ein gesundes und funktionierendes Immunsystem.

Trifft Bully nun aber ausgerechnet in einer Zeit auf die Giardien, in der sein Immunsystem gerade ein wenig schlapp ist (so z.B. bei Hündinnen vor der ersten Läufigkeit), dann können die Giardien sich im Dünndarm ansiedeln und relativ ungestört ihr Werk beginnen. Wauz bekommt bösen Durchfall und fühlt sich schlapp. Nun haben Sie zwei Möglichkeiten.

Ist Ihr Hund normaler Weise sehr fit und gesund, können Sie ihm lebende Darmbakterien zum Essen dazu geben und generell etwas für seine Immunabwehr tun. Vielleicht bekommen Sie die Giardien damit in den Griff, wenn der Befall noch nicht ganz so stark ist. In aller Regel werden Sie jedoch um die chemische Keule kaum herum kommen.

Es gab bis vor kurzem mehrere Mittel, die gegen Giardien eingesetzt werden konnten. Mittlerweile sind die meisten Giardien jedoch gegen viele der Mittel immun, so dass nur Ihr Tierarzt das derzeitig am besten wirkende Präparat empfehlen kann.

Haben Sie den Verdacht, dass Ihr Bully Giardien hat, sollten Sie eine möglichst frische Kotprobe mit zum Arzt nehmen. Sie können auch Kotproben über 2 – 3 Tage sammeln, da nicht immer zuverlässig Zysten ausgeschieden werden. So hat der Arzt größere Chancen eine sichere Diagnose zu stellen. Hat Ihr Arzt keine Erfahrung mit Giardien oder verlässt er sich zu sehr auf den Beipackzettel der Medikamente, dann wird er sehr wahrscheinlich eine viel zu kurze Gabe empfehlen. Bitten Sie ihn um ausreichend Medikamente um den folgenden Gabe-Zyklus durchführen zu können, den mir, nach einem ersten erfolglosen Versuch in gängigem Intervall, ein sehr guter Tierarzt empfahl und der bei meinen Katzen zum Erfolg führte: 5 Tage Medikament – 5 Tage Pause – 5 Tage Medikament – 5 Tage Pause – 5 Tage Medikament. Dann geben Sie nach 2 Wochen eine Kotprobe zum Arzt, um zu sehen, ob die Kur erfolgreich war. Während der Kur ist Hygiene oberstes Gebot, um erstens die eigene Ansteckung zu vermeiden und zweitens eine erneute Ansteckung des Hundes, in diesem eh schon geschwächten Zustand, zu vermeiden. Leider helfen keinerlei Desinfektionsmittel gegen die Giardien. Erst bei Erhitzung über 60 Grad sterben die Zysten ab. So heißt es, sämtliche Oberflächen, mit denen der Hund Kontakt hat, am besten mit einem Heißdampfgerät (dies können Sie sich meist in Baumärkten ausleihen) gründlich abdampfen und dann Hundekörbchen und Sofa mit kochbaren Tüchern abdecken. Diese wechseln und kochen Sie am besten täglich und das Heißdampfgerät sollte für die Fußböden auch täglich zum Einsatz kommen. Halten Sie diesen strikten Kurs bitte unbedingt durch. Der Erfolg wird es danken! Nachdem Sie dann das Medikamentenintervall mit Ihrem Bully durch haben, müssen Sie unbedingt etwas für seinen angegriffenen Dünndarm tun. So bekommt er die erste Zeit am besten Schonkost, um den Darm ein wenig zu entlasten und ihm eine Chance zur Regeneration zu geben. Und geben Sie ihm ein Medikament, welches die Darmflora wieder aufbaut. Ich wähle hier immer Perenterol®. Sie können ihm die Kapsel recht einfach verabreichen, indem sie eine kleine „Tasche" in etwas Hühnerbrust schneiden und dies dann dem Bully geben. Er wird es so schnell schlucken, dass er die Kapsel gar nicht merkt. Und für den Geschmack noch ein Stückchen hinterher. Auch Heilerde hilft ganz großartig. Hier gibt es also verschiedene Möglichkeiten Ihren Bully zu unterstützen. Machen Sie diese Aufbaukur für den Darm über drei Monate und dann sollte alles wieder Ok sein.

INSEKTENSTICHE

Insektenstiche an sich, sind erst einmal nicht gefährlich und bedürfen keiner besonderen Behandlung. Kritisch wird es erst, wenn der Bully allergisch reagiert oder er im Maul gestochen wird. Schnappt Bully z.B. nach einer Wespe und diese sticht im Maul oder Rachenbereich, würde ich in jedem Fall sofort zum Tierarzt fahren. Vorsicht ist auch hier mal wieder besser als Nachsicht, denn schwillt der Rachenbereich durch den Stich zu, würde unser Bully ersticken. Versuchen Sie ihm lieber von Anfang an beizubringen, die brummenden Ärgernisse zu ignorieren und zu meiden. Bei leichten Stichen, die etwas anschwellen, z.B. an den Pfoten, reicht in aller Regel eine gute Kühlung.

LEPTOSPIROSE

Die Leptospirose ist eine der schwerwiegendsten bakteriellen Infektionen, die unsere Hunde haben können. Es handelt sich hierbei um eine Infektion mit den sogenannten Leptospiren und um eine Zoonose, was bedeutet, dass auch wir Menschen uns anstecken können, und sie ist gegenüber den Behörden meldepflichtig. Es gibt eine Impfung, die vor vielen Leptospiren-Arten schützt, und sie sollte unbedingt bei jedem Hund im Welpenalter vorgenommen und auch regelmäßig wiederholt werden.

Mit Leptospiren infiziert sich der Hund vor allem durch den Kontakt mit Urin von Wildtieren oder durch Trinken infizierter Gewässer. Denn gerade bei warmen Temperaturen können in den Gewässern diese Erreger gehäuft vorkommen, sie überleben in warmen, feuchten Umgebungen längere Zeit auch ohne einen Wirt. In den Körper kommen sie über Schleimhäute oder offene Wunden. Der Hund wird müde, bekommt Fieber und leidet häufig auch unter starkem Erbrechen und Durchfall, eventuell kommen auch zentralnervöse Ausfallerscheinungen hinzu. Wird die Leptospirose früh erkannt und eine Antibiotikatherapie eingeleitet, liegen die Heilungschancen bei ansonsten fitten Hunden bei etwa 50%, leider sterben aber gerade Welpen und junge Hunde häufig an der Infektion bzw. ihren Begleiterscheinungen. Leptospiren, die für die sogenannten Stuttgarter Hundeseuche verantwortlich sind, greifen z.B. sehr schnell die Nieren an und können zu einem akuten

Nierenversagen führen. Um unseren Bully vor der Infektion mit Leptospirose zu schützen, sollte er regelmäßig dagegen geimpft werden. Darüber hinaus sollten Sie Ihren Bully nie aus Pfützen, Bächen und Tümpeln in Wildtiergebieten trinken oder darin baden lassen.

OHRENENTZÜNDUNG

Die süßen Fledermausohren, die unsere Bullys so einzigartig aussehen lassen, sind leider hervorragende Wind- und Dreckfänger. Sie sollten die Ohren Ihres Bullys regelmäßig kontrollieren und gegebenenfalls vorsichtig reinigen. Reinigen Sie bei starker Verschmutzung jedoch nur die Bereiche, die für Sie gut einsehbar sind oder lassen Sie die Reinigung vom Tierarzt vornehmen. Normalerweise sollte eine wöchentliche Reinigung mit Babyöltüchern oder Wattestäbchen reichen, um einer Entzündung vorzubeugen.

PARVOVIROSE

Gegen die Infektion mit der Parvovirose gibt es ein Impfmittel. Bitte lassen Sie Ihren Hund immunisieren. Die Parvovirose ist eine sehr akut verlaufende Krankheit und kann bei schweren Krankheitsverläufen bereits nach 2 Tagen zum Tod führen. Symptome sind Fieber, Erbrechen und starker Durchfall. Gehen Sie in so einem Fall sofort zum Arzt. Früh erkannt, sind die Heilungschancen sehr gut.

RACHEN-, MANDEL-, KEHLKOPFENTZÜNDUNG

Gerade im Winter kann es schnell zu einer Rachenentzündung kommen. Auch eine Mandelentzündung ist bei Bullys nicht ungewöhnlich während der kalten Tage. Wir wunderten uns einmal, warum unser Bully mit in die Höhe gestreckten Kopf regungslos dasaß. Es stellte sich heraus, dass er eine Mandelentzündung hatte. Aber auch Husten und Schluckbeschwerden weisen darauf hin. Nicht immer sitzen sie nur da und starren in die Luft. Hat Bully sich so was eingefangen, heißt es ab zum Doc. Wie bei uns Menschen auch, ist meistens eine kleine Antibiotikagabe angesagt, und halten Sie Ihren Bully warm. Spaziergänge in der Kälte sollten nun nicht allzu ausgedehnt sein oder aber nur warm eingepackt stattfinden. Neigt Ihr Bully jedoch zu starkem Hecheln wenn Sie spazieren gehen, dann hilft auch das warme Einpacken nicht viel. Dann wirklich lieber ein paar Tage nur kurze Gänge nach draußen machen und warten, bis er wieder ganz fit ist.

RÄUDE (SKABIES, SARCOPTES RÄUDE)

Zum Glück werden wir im Normalfall eher selten mit einem Hund mit Räude in Berührung kommen. Wenn doch: Sie ist leider hochgradig ansteckend, und auch Hygienemaßnahmen richten nicht mehr viel aus, wenn der Hund mit einem von Räude befallenen Hund Kontakt hatte. Bei der Räude handelt es sich um einen Befall mit der Sarcoptes-Milbe, einer Grabmilbe, die sich (wie der Name verrät) in die Haut gräbt und dort in angelegten Gängen lebt, sich vermehrt und stirbt. Erste Anzeichen mit einer Infektion sind meist rote Pusteln und ein gewisser Juckreiz. Über ein kleines Hautgeschabsel kann der Tierarzt dann die Diagnose stellen, und los werden wir sie wieder über Waschungen des Hundes mit Mitteln, die die Milben abtöten. Die Stellen heilen dann über die nächsten Tage ab und alles ist wieder gut. Übrigens sind die Sarcoptes-Milben große Fans von Hunden und gehen in aller Regel nicht auf den Menschen über. Sogar Infektionen bei Katzen sind mit diesen Milben sehr selten. Bei Mensch oder anderen Säugern gefällt es den Milben nicht wirklich, und so heilt eine eventuell doch kurz aufkommende Infektion sehr schnell wieder von alleine ab.

STAUPE/CARRÉSCHE KRANKHEIT

Auch hier ist die Impfung wieder die beste Prophylaxe gegen die Erkrankung. Welpen sollten erstmalig grundimmunisiert werden und dann die Auffrischungsimpfung nach 4 Wochen erhalten. Nach einem Jahr eine Auffrischungsimpfung, und

Chili ist kerngesund ...

danach reicht in aller Regel eine Nachimpfung in einem Dreijahresrythmus. Sie können auch über eine Blutprobe die Titer nachweisen und so vom Tierarzt bestimmen lassen, ob eine Impfung wirklich notwendig ist. Aber um die Grundimmunisierung kommt keiner herum.
Das Staupevirus kann beim ungeimpften Tier verschiedene Organe befallen und so differieren auch die Krankheitssymptome. Allen gemein sind Fieber über 41 Grad, Apathie und Appetitlosigkeit. Je nach Erreger kommt es zu Magen-Darm-Problemen, Symptomen in den Atemwegen wie Schnupfen oder Husten und Nasenausfluss oder auch zu neurologischen Ausfallerscheinungen.

TOLLWUT

Deutschland gilt seit einigen Jahren als tollwutfrei, dank einer konsequenten Impfung der Tiere. Auch hier würde ich immer zu einer Grundimmunisierung und Nachimpfung nach einem Jahr raten. Mittlerweile gibt es Studien die eine Wirksamkeit dieser Impfungen über mindestens 7 Jahre bewiesen haben. Da es bei der Tollwutimpfung leider derzeit noch keinen Impfstoff gibt, der ohne Zusatzstoffe auskommt, die eine starke Immunreaktion bei dem Hund und sogar ein bösartiges Impfsarkom auslösen können, impfe ich meinen, nicht in der Zucht befindlichen Hund nicht regelmäßig nach, sondern mache mit ihm nur die Grundimmunsisierung. In Anbetracht der Tatsache, dass wir seit Jahren keinen Tollwutfall mehr hatten, ist mir persönlich die Gefahr zu groß. Fahren Sie jedoch mit Ihrem Wauz ins Ausland, kommen Sie um eine regelmäßige Impfung nicht herum. Bitten Sie Ihren Arzt in so einem Fall einen Impfstoff zu wählen, der eine bestätigte Wirksamkeit von drei Jahren hat, um so die Nachimpfungen möglichst selten machen zu müssen.

WÜRMER

Ein Befall mit Würmern kann immer mal auftreten. Bemerkenswerterweise haben Hunde, die mit Rohfleisch (BARF) gefüttert werden, wesentlich seltener mit einem Wurmbefall zu kämpfen. Aber auch hier kann er vorkommen. Wenn Sie die Würmer bereits im Hundekot entdecken, dann sammeln Sie eine Probe inklusive Würmer ein und ab zum Arzt. So kann er die Wurmart bestimmen und das richtige Medikament dafür mitgeben. Haben Sie nur einen Verdacht oder wollen sicher gehen, dass Ihr Hund keine Würmer hat, auch dann können Sie jederzeit eine Kotprobe beim Tierarzt abgeben und untersuchen lassen. Dies würde ich im übrigen empfehlen, bevor sie prophylaktisch eine Wurmkur verabreichen. Dies wird zwar gerne so gemacht, und viele sagen, dass man alle drei Monate eine Wurmkur machen sollte. Jedoch wird hier unterschlagen, dass eine Wurmkur nicht vorbeugend wirkt, sondern nur gegen den aktuellen Befall mit Würmern. Übermorgen könnte Bully sich auf der Hundwiese erneut infizieren. Also lieber testen lassen und dann gezielt und vor allem mit dem für die identifizierte Wurmart am besten wirkenden Mittel behandeln.

Wie findet man
einen seriösen Züchter?

Wie findet man einen seriösen Züchter?

Die Frage, wie man nun den richtigen Züchter findet, ist wohl am schwierigsten zu beantworten.
So viele Faktoren spielen hier eine Rolle: Wissen und Gesinnung des Züchters, wie die Hunde dort leben, wie die Welpen dort aufwachsen, die Gesundheit der Elterntiere, die Kenntnis der Ahnen und vielleicht auch ein wenig der Verein, dem der Züchter angehört.
Ich will nun gerne versuchen, Ihnen da helfende Hinweise, Ratschläge und Kenntnis zu vermitteln.
Das Kapitel „Gesundheit" hatten wir ja schon. Ich denke, darauf brauche ich nicht noch einmal detailliert einzugehen. Selbstverständlich ist es von grundlegender Bedeutung, dass Ihr Züchter seine Tiere konsequent untersuchen lässt und sie nur zur Zucht einsetzt, wenn alle gesundheitlichen Voraussetzungen optimal sind.

So sollte der Züchter die folgenden Untersuchungen gemacht haben und Ihnen auch gerne die schriftlichen Ergebnisse vom Tierarzt vorlegen:

- Keilwirbel-Gutachten oder alternativ den Keilwirbel-Befund seines Tierarztes. Lassen Sie sich im zweiten Fall von ihm die Röntgenbilder zeigen. Direkt auf den Röntgenbildern sollte unmissverständlich der Name des Hundes und/oder seine Zuchtbuch- oder Chipnummer vermerkt sein.
- Patella-Luxation
- HD
- Herzultraschall mit Doppler
- Dilutionstest mit dem Ergebnis D/D
- Augenuntersuchung (Entropium, Ektropium, Distichiasis und Katarakt)

An Ihnen ist es, die Atmung der Tiere selbst zu beurteilen. Hier gibt es keine geregelte Untersuchung. Notwendig für eine eingehende Untersuchung wäre eine Narkose. Da der Hund für die Keilwirbel-Röntgenbilder sehr wahrscheinlich in eine kurze Narkose gelegt wird, bietet es sich an, in diesem Zuge auch die Atemwege zu begutachten. Sinnvoll ist hier eine Begutachtung des Gaumensegels, des Kehlkopfes und ein Röntgenbild der Luftröhre. Wenn möglich, sollten endoskopisch die Nasenmuscheln angesehen werden und auch, ob eventuell Schleimhaut/ Lamellen der Conchien in den Rachen reichen und hier die Atmung beeinträchtigen können.
Jedoch nur wenige Züchter veranlassen eine solche Untersuchung. In aller Regel ist es dem Züchter sehr gut selbst möglich, die Atmung seines Hundes zu bewerten. Er lebt schließlich in den verschiedensten Situationen mit ihm. Ehrlichkeit zu sich selbst in Bezug auf die Beurteilung der Atmung, ist hier das Einzige, was der Züchter braucht.
Wenn Sie nun einen Züchter ausgewählt haben, achten Sie darauf, wie die erwachsenen Tiere atmen. Sind in jeder Situation (Begrüßungsfreude bei der Ankunft, Kuscheln auf der Couch, während des Schlafes, beim Ausflug in den Garten) deutliche Geräusche hörbar, rate ich vom Kauf eines Nachkommens ab. Die Gefahr, dass sich diese Einschränkung an die Welpen vererbt ist leider zu groß, und ein gut gezüchteter Bully bleibt in nahezu jeder Situation geräuschlos atmend. Eine Ausnahme bildet für mich nur die mitunter sehr kunstvoll anmutende Schlafposition, die einige Bullys annehmen. Ausnahmsweise ist hier ein leichtes Schnarchen für mich erlaubt.

Warum gibt es einen Rassestandard und sollte ich einen Züchter wählen, der nach dem Rassestandard züchtet?
Der Rassestandard unserer Hunderassen beruht zu einem guten Teil ganz klar auf willkürlicher Festlegung durch uns Menschen. Entschieden aufgrund persönlicher Vorlieben und Vorstellungen, wie der Hund auszusehen hat und/oder aufgrund

der Art, wie er eingesetzt werden sollte. So haben Spürhunde in aller Regel eher Schlappohren, weil diese beim Schnüffeln auf dem Boden den Hund in gewissem Maße von äußeren Reizen abschirmen. Sie fallen beim gesenkten Kopf wie Scheuklappen vor die Augen und auch vor die Nase und schirmen so die Spur für die Hundenase ab. Bei der Zucht wurden so z.B. nur Elterntiere mit Schlappohren und gutem Geruchssinn gewählt.
Ein Hütehund musste sehr gehorsam sein, intelligent, um viele Signale zu lernen und umzusetzen, und die Fähigkeit besitzen, selbst Situationen zu erkennen und eigenständig zu handeln. Er wird in aller Regel ein großes Selbstbewusstsein besitzen und viel arbeiten wollen, und darauf auch selektiert worden sein. Es gibt für diese Art Selektion und daraus folgende Rassestandards eine ganze Reihe Beispiele, die gut nachzuvollziehen sind und uns den Rassestandard verstehen lassen.
Unser Bully war schon immer Begleithund und wurde eher aufgrund seines Aussehens selektiert als aufgrund seiner Fähigkeiten. Obwohl es auch hier eine klare Konzentration auf Gutmütigkeit und Anhänglichkeit gab. Aber die Französische Bulldogge ist eine der Rassen, bei denen das Hauptaugenmerk auf Äußerlichkeiten lag und die wohl eine der am meisten kritisierten Rassen unserer Zeit ist. Und das mit Recht! Leider haben viele Züchter in der Vergangenheit nur auf das perfekte Aussehen des Hundes geachtet und dabei die Gesundheit und das Recht des Hundes auf ein glückliches Leben ohne physische Einschränkungen aus den Augen verloren. Der Standard wurde in Bezug auf sein kompaktes kurzes Äußeres, eine kurze Nase, einen breiten Kopf und Rutenlosigkeit überinterpretiert. Ich sage hier „überinterpretiert", weil es in jedem Rassestandard einen gewissen Handlungsspielraum für Züchter gibt, und diesen gibt es für uns auch in Bezug auf die Französische Bulldogge. Wussten Sie z.B. dass im Rassestandard eine Rute mit einer Länge bis zum Knie des Hundes erlaubt ist? Es besteht also keine Notwendigkeit den Bully schwanzlos zu züchten. Und der Rassestandard fordert sogar eine zwar kurze Nase in einem bestimmten Verhältnis zum Gesamtprofil des Kopfes, diese darf jedoch den Bully nicht in der Atmung einschränken. Also warum gibt es noch immer so viele Bullys mit eingedrückten Nasen, wie die der Perserkatzen, die kaum atmen können? Es ist zum jetzigen Zeitpunkt noch möglich, einen gesunden und gut atmenden Bully innerhalb des Standards zu züchten, ohne fremde Rassen einkreuzen zu müssen. Und Sie sollten darauf achten, einen Züchter zu finden, der eine Französische Bulldogge züchtet, die zwar im Standard ist, aber eben in einer Art, die ein glückliches und sportliches Leben ermöglicht. Es werden immer größere und schwere Bullys zur Zucht eingesetzt und dies verfälscht auf Dauer das Erscheinungsbild unserer Bullys und kreiert darüber hinaus ganz neue Gesundheitsprobleme. Diese Hunde bleiben noch immer liebenswerte und großartige Hunde. Aber sie sehen halt nicht mehr wie eine Französische Bulldogge aus, und je größer die Hunde bei ihrer ganzen Muskelmasse werden, umso größer wird für sie die Gefahr, an Hüftdysplasie zu erkranken oder Rückenprobleme zu bekommen. Ich finde, dass man hier konsequent sein sollte als Züchter. Entweder halte ich mich an die festgelegten Regeln oder ich sollte mir doch eine andere Rasse suchen. Die Frage, die sich mir hier immer wieder aufdrängt ist auch: Bildet sich ein Züchter seinen eigenen Standard, worin legt er noch seine eigenen Regeln fest? Und geschieht dies immer zum Wohl des Hundes?

Fellfarben. Lieber die im Standard zugelassenen oder ist das egal?
Im Standard züchten bezieht auch die Farbe des Hundes mit ein. Dies ist unter Züchtern immer wieder ein großes Thema und sorgt mitunter für Spannungen. Ja, die Farben der verschiedenen Rassen sind zu einem Teil auch willkürlich von Menschen festgelegt. Jedoch basiert diese Festlegung auf dem Ursprung der Rasse. Sie hat also ihre Daseinsberechtigung und definiert zu großem Teil die Rasse selbst. Können Sie sich z.B. einen Rottweiler in schwarz-weiß gescheckt vorstellen? Irgendwie wäre er doch dann gar nicht mehr der Rottweiler, wie er von vielen geliebt und gesehen wird. Und so verhält es sich auch bei unserem Bully. Die verschiedenen Ursprungsrassen gaben ihm die Farben Gestromt, Dunkel gescheckt und Fawn. Auch wenn Fawn anfangs mal verboten war, laut Standard. Es wurde jedoch irgendwann aufgenommen, weil man merkte, dass man es kaum verhindern kann. Fawn ist eine der drei Grundfarben, die alle Hunde tragen und auf der alle bekannten Fellfarben basieren, und somit eine natürliche gesunde Fellfarbe.

Aber warum soll ein Züchter Hunde mit Fellfarben im Standard züchten? Heißt es nicht immer, ein guter Hund hat keine Farbe? Ja, das stimmt zu einem gewissen Maße. Aber wenn ich mich in eine Rasse verliebe, verliebe ich mich dann nicht auch in ihr äußeres Erscheinungsbild? Wenn ein Züchter sich zur Zucht einer Rasse entscheidet, tut er das nicht aus Liebe zur Rasse und um sie in ihrer Form zu erhalten?
Ich bin der festen Überzeugung, dass ein seriöser Züchter, der sich für eine spezielle Rasse entschieden hat, diese mit gutem Gewissen nur in ihrer ihr zugedachten Farbe züchten wird. Wenn ich diese Rasse doch so toll finde, warum will ich sie dann verändern? Wo liegt da die Motivation? Gerade unsere Bullys verfügen über eine immense und faszinierende Farbvielfalt und sie benötigen meiner Meinung nach keine Neuerungen. Und hier spreche ich hauptsächlich von den Farben Blau und Merle. Denn bei diesen beiden Farben geht es nicht nur um Vielfalt oder Veränderung der Rasse. Wäre es nur das, wäre es für mich nur eine Geschmacksfrage und die Frage, ob ich im Standard züchten will oder nicht. Eine Gewissensentscheidung, die ich akzeptieren kann, auch wenn ich es anders machen würde. Aber bei Blau und Merle geht es mir um mehr: Nämlich um Gesundheit!

Benötigen Sie denn als Hundehalter, ohne die Absicht zu züchten oder auszustellen, Papiere?
Kurze Antwort: Ja!
Warum, will ich Ihnen gerne erklären.
Es geht hier wirklich in keinster Weise darum, dass ein Hund mit einer Ahnentafel „besser" ist als einer ohne. Es geht um die Verantwortung bei der Zucht. Zucht von Hunden bedeutet eine gezielte Auswahl der Elterntiere aufgrund von Gesundheit, Wesen und Aussehen. In diesen Elterntieren steckt aber genetisch nicht einfach nur das, was wir beim Tierarzt untersuchen lassen oder ihnen ansehen können. Es steckt auch ein großer Teil „unsichtbare" genetische Information in ihm. Nämlich die genetischen Informationen ihrer Vorfahren, die sich nicht durchgesetzt haben, weil andere dominant waren oder eine bestimmte Kombination von dominanten und nicht-dominanten Genen zusammenkommt. Für eine seriöse und gewissenhafte Zucht ist es also notwendig die Ahnen seiner Zuchttiere genau zu betrachten und alles über ihren Gesundheitszustand, über eventuelle Krankheiten zu wissen. Auch die anderen Nachkommen dieser Tiere müssen betrachtet werden, damit über eine Gefahr von Erbkrankheiten geurteilt werden kann, denn nicht alle Krankheiten sind durch einen Gentest festzustellen. In der Tat sind es die wenigsten. Meistens ist es notwendig die Krankheiten zu kennen und zu analysieren, wie häufig in den Linien der Hunde diese Krankheiten vorkamen und in welchem Verwandtschaftsverhältnis die Tiere standen. Die Ahnenforschung macht den Löwenanteil einer seriösen Zucht aus, und diese ist nur mit vollständig bekannten Ahnen möglich, also einer Ahnentafel. So gibt es z.B. Erbkrankheiten, die eine Generation überspringen und erst in der nächsten zu erkennen sind. Wird nun also mit einem Tier gezüchtet, dessen Elternteil diese Erbkrankheit weitergegeben hat, dann wird man es dem Zuchttier nicht ansehen. Kennt der Züchter die Ahnen nicht oder betreibt er keine gewissenhafte Ahnenforschung, dann setzt er diesen Hund vielleicht in der Zucht ein, von dem er glaubt, dass er gesund ist. Die Nachkommen dieses Hundes bekommen aber nun auf einmal diese Erbkrankheit. Und dafür sind Ahnentafeln wichtig. Natürlich garantiert keine Ahnentafel der Welt, dass Sie einen gesunden Hund bekommen. Allein die gewissenhafte Ahnenforschung des Züchters und die seriöse Entscheidung auf Basis dieses Wissens, ob ein Tier in die Zucht geht oder nicht, entscheiden darüber ob ein Tier dann eine gute Chance hat, gesund auf die Welt zu kommen.
Stellen Sie bei dem Züchter also viele Fragen. Lassen Sie sich die Ahnentafel zeigen und hören Sie zu, was er Ihnen über die Großeltern und Ur-Großeltern seiner Tiere erzählen kann.

Wie wichtig ist der Verein, dem der Züchter angehört?
Bei allem worauf Sie bei der Suche nach einem seriösen und gewissenhaften Züchter achten sollten, ist es wohl etwas zu viel erwartet, wenn Sie sich nun auch noch eingehend mit seinem Verein beschäftigen. Die tatsächliche Anzahl der Zucht-

vereine in Deutschland lässt einen schwindelig werden, und ich glaube, herauszufinden wie der Züchter selbst arbeitet ist ausschlaggebender. Auf ein paar Dinge sollten Sie dennoch achten, denn jeder der drei willige Personen im Umkreis findet, kann seinen eigenen Zuchtverein gründen und sich seine eigenen Ahnentafeln, Urkunden zum Zwingerschutz und Championatsurkunden für die Hunde ausstellen. Es ist also durchaus Vorsicht und ein kurzer Blick auf die Internetseite des Vereins angebracht. Dennoch glaube ich, dass der Eindruck vor Ort beim Züchter wichtiger ist als zu welchem Verein er gehört.

Wie wichtig sind auf Ausstellungen prämierte Hunde?

Eines möchte ich hier ganz deutlich sagen: Auf Ausstellungen wird der Hund nach dem äußeren Erscheinungsbild beurteilt. Die Richter haben ebenso wenig einen Röntgenblick wie Sie, und so hat ein Championat auch keinerlei Aussagewert über die Gesundheit des Hundes. Ich lege keinerlei Wert auf hübsche Urkunden und Pokale. Für mich zählen die Untersuchungsergebnisse eines Hundes wesentlich mehr. Und so sollten auch Sie es halten. Was nützt Ihnen ein Rolls Royce, wenn der Motor einen Kolbenfresser hat? O.K., kein sehr guter Vergleich. Aber mal ehrlich, wofür benötigen Sie einen Welpen dessen Eltern diverse Championate hatten, aber vielleicht dazu auch Keilwirbel, Bandscheibenvorfälle und vielleicht Allergien. Hübsch, aber krank. Wollen wir das? Da macht es uns alle doch viel stolzer sagen zu können, dass unser Welpe von topgesunden Eltern stammt!

Wie erkenne ich, ob mein Welpe freiatmend ist?

Leider erkennen Sie das nicht! Bei einem Welpen ist es absolut unmöglich vorher zu sagen, ob er frei atmen wird oder nicht. Im Wachstum passiert noch so viel, dass jede Vorhersage unseriös wäre. Sind jedoch die Eltern absolut geräuschlos in der Atmung, dann hat der Welpe zumindest die besten Chancen ebenfalls eine gesunde Atmung zu bekommen. Sehen Sie sich also möglichst beide Elterntiere immer sehr genau an und hören sie noch besser hin.

Wie sollten die Hunde leben?

Generell bin ich eher ein Feind der Zwingerhaltung. Hunde sind Rudeltiere, und nach meiner Überzeugung gehören sie einfach zur Familie und damit ins Haus. Bei unseren Franzosen habe ich erst recht keinerlei Verständnis für eine Zwingerhaltung. Sie sind dafür schlichtweg ungeeignet und verkümmern seelisch bei einer solch kontaktarmen Haltungsform. Wenn der Hund mal für kurze Zeit in einem Zwinger lebt, also für wenige Stunden am Tag, dann kann ich das noch akzeptieren. So möchte manch einer dem Hund vielleicht das schöne Wetter im Frühsommer gönnen und lässt ihn während des Einkaufs lieber zu Hause draußen, dafür aber gesichert vor Dieben in einem Zwinger. Gesichert vor Dieben? Ja, leider werden diese süßen Knautschgesichter immer häufiger gestohlen. Also, kleiner Tipp am Rande und vollkommen vom Thema ab: Lassen Sie Ihren Bully niemals, unter keinen Umständen, irgendwo unbeaufsichtigt angebunden auf Sie warten! Vor keinem Geschäft, auf keinem Platz, auf keinem einsehbaren Grundstück! Viele Bullys sind schon von privaten Grundstücken gestohlen worden, und was mit denen dann geschieht, darüber möchte ich nicht nachdenken.
Zurück zum Thema! Ein Bully sollte auch beim Züchter mit komplettem Familienanschluss leben, so als wäre er ein „normaler" Familienhund zum Kuscheln und Liebhaben. Die Bedürfnisse unseres Bullys ändern sich nicht, nur weil er zur Zucht eingesetzt wird. Und so möchte er mit seinem Halter, in dem Fall Züchter, immer und in jeder Situation zusammen sein. Suchen Sie sich also einen Züchter, bei dem die Bullys so leben, wie er es bei Ihnen wird!
Allerdings sollten Sie ein Auge zudrücken, wenn Sie bei dem Züchter angenagte Türen, Wände, Tische, Tapeten oder ähnliches finden. Diese kleinen heranwachsenden Knutschkugeln haben nichts als Unsinn im kleinen Sturkopf, wenn sie erst einmal beginnen die Welt zu entdecken. Und so wie kleine Menschenkinder auch alles anfassen und in den Mund nehmen, halten es auch kleine Bullykinder! Alles wird untersucht und auf Zerstörbarkeit überprüft. So finden sich um Steckdosen gerne dunkle Ränder von kleinen Dreckpfoten und neugierigen Bullynasen und alles was ein paar Millimeter hervorragt

wird die spitzen Babyzähne zu spüren bekommen. Sehen Sie es dem Züchter also nach, wenn die Räume, in denen die kleinen Terroristen ihre Zeit verbringen, in keinem perfekten Zustand sind. Jedoch sollten sie sauber sein! Wenn Sie zum Züchter kommen und Ihnen die Hunde in die Nase steigen, bevor sie an Ihrem Hosenbein hängen, dann sollten Sie sich den Kauf überlegen. Die Welpen sind zwar nicht stubenrein und verrichten ihr Geschäft auch mal eben dort wo sie gerade die Wand annagen, aber der Züchter sollte ein Interesse haben, ihnen ihre Umgebung sauber zu halten, und dann wird es auch nicht zu penetranten, bleibenden Gerüchen kommen.

Verhältnis der Hunde zum Züchter und Reaktionen auf Sie als Besucher

Ein gutes Auge sollten Sie auch auf die Beziehung des Züchters zu seinen Hunden werfen. Die Hunde sollten offen und vertrauensvoll gegenüber dem Züchter sein. Sie dürfen keine Angst zeigen und sollten ganz offensichtlich gern in seiner Nähe liegen oder sitzen und diese auch stetig suchen! Natürlich werden Sie als Besucher erst einmal interessanter sein und normale Bullys werden Sie bestürmen und in großer Konkurrenz um den Platz auf Ihrem Schoß und an Ihrer Seite für ordentlich Chaos sorgen. Sie sollten keine Angst vor Ihnen als fremde Person zeigen. Ein psychisch gesunder Bully wird großes Interesse an Ihnen haben und sehr offen und freundlich auf Sie zustürmen. Wenn sich die Aufregung über Ihren Besuch als neuestes Kuschelpersonal aber erst einmal gelegt hat, dann sollte der eine oder andere Bully auch wieder die Nähe zu seinem Züchter suchen, und dieser sollte ganz selbstverständlich mit dem Bully, während er sich mit Ihnen unterhält, kuscheln. Ganz ehrlich, ich kann mir nicht vorstellen, wie man so einem Kuschelangriff, gleichgültig wie wichtig oder angeregt die Unterhaltung grad auch sein mag, widerstehen könnte! Der typische Bullyhalter (und etwas anderes ist ja auch ein guter Züchter nicht) wird die ständige körperliche Nähe seiner Hunde lieben und genießen!

Wie sollten die Welpen aufwachsen?

Diese ersten Lebenswochen der kleinen Bullys beim Züchter sind die Phase, die über das Vertrauen in uns Menschen entscheidet! So sollten die Welpen mitten in der Familie aufwachsen und der Züchter dafür sorgen, dass sie möglichst häufig einen positiven Kontakt zu Menschen haben. Das heißt für die Züchterfamilie, Kuscheln was das Zeug hält! Zu viel Kuscheln gibt es nicht! Und auch für eine gute Sozialisierung trägt der Züchter eine maßgebliche Verantwortung. So sollten die Welpen bei ihm das Alltagsleben kennen lernen und Geräusche von Fernseher, Radio, Staubsauger oder Unterhaltungen ganz selbstverständlich direkt mitbekommen. Dies klappt selten, wenn sie in einem isolierten Zimmer aufwachsen. Schöner ist es, wenn sie wirklich direkt im Zentrum, also dem Wohnzimmer leben und so auch ununterbrochen am menschlichen Leben teilnehmen können. Bullys sollten beim Züchter auch schon mal die Luft der großen weiten Welt schnuppern können und mit den großen Hunden oder wenigstens „Mama" in den Garten gehen und dort toben und Gras, Stein und Sand fühlen können. Der Züchter sollte sie schon mal an Halsband und Geschirr gewöhnen und mit ihnen das erste Mal an der Leine laufen üben. Jedoch wäre es zu viel erwartet, zu denken, dass Sie einen leinenführigen Hund bei Ihrem Züchter abholen. Das werden Sie mit Ihrem kleinen Bullykind üben müssen. Genauso wie die vielen anderen Dinge in Ihrem Alltag. Aber darauf freut man sich doch auch irgendwie, oder?

Welpentreffen

Ein guter Züchter wird wissen wollen, wie sich seine Welpen entwickeln. Mit vielen Käufern hält er regelmäßigen Kontakt, und um die Hunde auch einmal wiederzusehen, wird er ein Welpentreffen veranstalten. Auch in Ihrem Interesse sollten Sie sich für einen Züchter entscheiden, der solche regelmäßigen (jährlich oder alle zwei Jahre) Treffen veranstaltet. Diese Treffen sind eine großartige Gelegenheit sich mit anderen Haltern auszutauschen, neue Freundschaften zu schließen und zu sehen, wie sich die Geschwister des eigenen Hundes entwickelt haben. Ein seriöser Züchter wird den Kontakt seiner Welpenkäufer untereinander fördern und so sicherstellen, dass alle eine stetige Möglichkeit haben, bei Unsicherheiten nicht nur ihn, sondern eben auch andere Halter von Bullys um Rat zu fragen. So entsteht meist eine tolle Gemeinschaft, und auch unter unseren Welpenkäufern ist durch die Welpentreffen oder auch durch Besuche der Welpen in der Lebensphase bei uns eine echte Freundschaft entstanden, und es ist schön zu sehen, wie sie alle einander unterstützen und sich regelmäßig auch ganz unabhängig von den Welpentreffen sehen. So haben wir z.B. einen Welpen, der jetzt auf Föhr lebt. Und als andere Welpenkäufer dort Urlaub machten, haben wir den Kontakt zu einander vermittelt, und so traf man sich dort zu ausgiebigen Strandspaziergängen. Nicht nur Familien einen solch einzigartigen Hund zu geben, sondern auch noch Kontakte zu vermitteln zu Menschen, die ebenfalls der Bullymanie verfallen sind, sollte das Herz eines jeden Züchters doch wirklich schneller schlagen lassen!

Alles in allem benötigen Sie für die Suche nach Ihrem Züchter einen gesunden Menschenverstand und ein gutes Bauchgefühl! Ich bin ein Freund des Bauchgefühls. Unser Bauch ist meiner Meinung nach der zuverlässigste Ratgeber, und wenn der Ihnen signalisiert, dass da irgendwas nicht passt, dann sollten Sie Ihrem Kopf nicht erlauben, sich einzumischen. Vertrauen Sie auf Ihren Bauch, nachdem Sie die sachlichen Fakten, wie z.B. Untersuchungsergebnisse, geprüft haben. Besuchen Sie mehrere Züchter. Nur so lernen Sie die Guten von den nicht so Guten zu unterscheiden und entwickeln ein Gespür für die für Sie in Frage kommenden Züchter.
Und noch ein guter Rat: Wenn Sie sich vorstellen können, den Züchter ganz unabhängig von den Hunden als Freund in Ihrem Leben haben zu wollen, dann greifen Sie zu! Menschlich sollte es zwischen Ihnen stimmen. Die Welpen verbringen schließlich eine der kritischsten Lebensphasen in Punkto Sozialisierung und psychischer Gesundheit bei diesem Menschen und werden ganz viel von ihm mitnehmen. Wenn es menschlich zwischen Ihnen nicht passt, werden Sie vermutlich auch Ihr Herz an keinen seiner Welpen verlieren. Ganz abgesehen davon, dass Sie in Ihrem Züchter ja auch einen Vertrauten und Ratgeber finden sollen, und das wird nicht funktionieren, wenn Sie ihn nicht mögen.

Fassen wir also zusammen!
Achten Sie bei Ihren Besuchen der in Frage kommenden Züchter auf folgende Punkte:

- Untersuchungsergebnisse der Hunde
- Gesundheit und Agilität der Hunde
- Lebensumgebung der Hunde und deren Sauberkeit
- Verhältnis der Hunde zum Züchter
- Reaktionen der Hunde auf Sie als Besucher
- Familienanschluss der Zuchttiere und Welpen